WITHDRAWN
University of
Illinois Library
at Urbana-Cha

ESSAI SUR LA GÉOGRAPHIE DES PLANTES

This is a volume in the Arno Press collection

HISTORY OF ECOLOGY

Advisory Editor
Frank N. Egerton III

Editorial Board
John F. Lussenhop
Robert P. McIntosh

*See last pages of this volume for a
complete list of titles.*

ESSAI
SUR LA
GÉOGRAPHIE DES PLANTES

Al[exander von] Humboldt and A[imé] Bonpland

ARNO PRESS
A New York Times Company
New York / 1977

Editorial Supervision: LUCILLE MAIORCA

Reprint Edition 1977 by Arno Press Inc.

Reprinted from a copy in
 The University of Pennsylvania Library

HISTORY OF ECOLOGY
ISBN for complete set: 0-405-10369-7
See last pages of this volume for titles.

Manufactured in the United States of America

Library of Congress Cataloging in Publication Data

Humboldt, Alexander, Freiherr von, 1769-1859.
  Essai sur la géographie des plantes.

  (History of ecology)
  Reprint of the 1807 ed. published by Levrault
Schoell, Paris.
   1. Phytogeography--Addresses, essays, lectures.
  2. Botany--Ecology--Addresses, essays, lectures.
  3. Physical geography--South America. I. Bonpland,
Aimé Jacques Alexandre Goujaud, called, 1773-1858, joint
author. II. Title. III. Series.
QK101.H93 1977   581.9   77-74253
ISBN 0-405-10422-7

VOYAGE
DE HUMBOLDT ET BONPLAND.

PREMIÈRE PARTIE.

PHYSIQUE GÉNÉRALE, ET RELATION HISTORIQUE
DU VOYAGE.

VOYAGE
DE HUMBOLDT ET BONPLAND.

PREMIÈRE PARTIE.

PHYSIQUE GÉNÉRALE, ET RELATION HISTORIQUE
DU VOYAGE.

PREMIER VOLUME,

Contenant un Essai sur la Géographie des plantes, accompagné d'un Tableau physique des régions équinoxiales, et servant d'introduction à l'Ouvrage.

AVEC UNE PLANCHE.

A PARIS,

CHEZ FR. SCHOELL, LIBRAIRE, RUE DES MAÇONS-SORBONNE, N.° 19.

ET A TÜBINGUE, CHEZ J. G. COTTA, LIBRAIRE.

1807.

ESSAI

SUR LA

GÉOGRAPHIE DES PLANTES.

DE L'IMPRIMERIE DE LEVRAULT A STRASBOURG.

ESSAI

SUR LA

GÉOGRAPHIE DES PLANTES,

ACCOMPAGNÉ

D'UN TABLEAU PHYSIQUE

DES RÉGIONS ÉQUINOXIALES,

Fondé sur des mesures exécutées, depuis le dixième degré de latitude boréale jusqu'au dixième degré de latitude australe, pendant les années 1799, 1800, 1801, 1802 et 1803.

PAR AL. DE HUMBOLDT ET A. BONPLAND.

RÉDIGÉ PAR AL. DE HUMBOLDT.

AVEC UNE PLANCHE.

A PARIS,

CHEZ FR. SCHOELL, LIBRAIRE, RUE DES MAÇONS-SORBONNE, N.º 19.
ET A TÜBINGUE, CHEZ J. G. COTTA, LIBRAIRE.
1807.

À Messieurs
Antoine Laurent de Jussieu
ET
René Desfontaines
Professeurs au Muséum d'histoire Naturelle
Membres de l'Institut National &c.

PRÉFACE.

Éloigné de l'Europe depuis cinq ans, ayant parcouru des pays dont plusieurs n'avoient jamais été visités par des naturalistes, j'aurois dû me hâter peut-être de publier la relation abrégée de mon Voyage aux tropiques, et la série des phénomènes qui se sont successivement présentés à mes recherches. J'aurois pu me flatter que cet empressement seroit approuvé par le public, dont une partie a marqué l'intérêt le plus généreux, tant pour ma conservation personnelle que pour le succès de mon expédition. Mais j'ai pensé qu'avant de parler de moi-même et des obstacles que j'ai eu à vaincre dans le cours de mes opérations, il vaudroit mieux fixer les regards des physiciens sur les grands phénomènes que la nature présente dans les régions que j'ai parcourues. C'est leur ensemble que j'ai considéré dans cet essai. Il offre le résultat des observations qui se trouvent développées en détail en d'autres ouvrages que je prépare pour le public.

J'y embrasse tous les phénomènes de physique que l'on observe tant à la surface du globe que dans l'atmosphère qui l'entoure. Le physicien qui connoît l'état actuel de la science, et surtout celui de la météorologie, ne s'étonnera pas de voir un si grand nombre d'objets traités en si peu de feuilles. Si j'avois pu travailler plus long-temps à leur rédaction, mon ouvrage n'en seroit devenu que moins étendu encore; car un tableau ne doit présenter que de grandes vues physiques, des résultats certains et susceptibles d'être exprimés en nombres exacts.

C'est depuis ma première jeunesse que j'ai conçu l'idée de cet ouvrage. J'ai communiqué la première esquisse d'une Géographie des plantes, en 1790, au célèbre compagnon de Cook, M. Georges Förster, à qui l'amitié et la reconnoissance m'avoient étroitement lié. L'étude que j'ai faite depuis de plusieurs branches des sciences physiques, a servi à étendre mes premières idées. Mon voyage aux tropiques m'a fourni des matériaux précieux pour l'histoire physique du globe. C'est à la vue même des grands objets que je devois décrire, c'est au pied du Chimborazo, sur les côtes de la mer du Sud, que j'ai rédigé la plus grande partie de cet ouvrage. J'ai cru devoir lui laisser le titre d'*Essai sur la Géographie des Plantes ;* car toute dénomination moins modeste, en découvrant davantage l'imperfection de mon travail, l'auroit aussi rendu moins digne de l'indulgence du public.

C'est pour le style surtout que je dois réclamer cette indulgence : forcé depuis long-temps à m'exprimer en plusieurs langues qui ne sont pas plus les miennes que la françoise, je n'ose espérer de m'énoncer toujours avec cette pureté de style que l'on pourroit exiger dans un ouvrage écrit dans ma propre langue.

Le tableau que je présente aujourd'hui a été dressé sur mes propres observations et sur celles de M. Bonpland. Réunis par les liens de l'amitié la plus intime, travaillant ensemble depuis six ans, partageant les souffrances auxquelles le voyageur est nécessairement exposé dans des pays incultes, nous avons résolu que tous les ouvrages qui sont le fruit de notre expédition, porteront nos deux noms à la fois.

C'est dans la revue de ces ouvrages, dont je m'occupe depuis mon retour de Philadelphie, que j'ai eu à recourir souvent aux hommes célèbres qui m'honorent de leurs bontés. M. Laplace, dont le nom est au-dessus de mes éloges, a bien voulu marquer l'intérêt le plus flatteur tant pour les travaux que j'ai rapportés que pour ceux auxquels j'ai cru me devoir livrer depuis mon arrivée en Europe. Éclairant et vivifiant, pour ainsi dire, par la force de son génie, tout ce qui l'entoure, sa bienveillance m'est devenue aussi utile qu'elle l'est pour tous les jeunes gens qui l'approchent.

Si c'est une jouissance pour moi de lui payer le tribut de mon admiration et de ma reconnoissance, l'amitié m'engage à remplir des devoirs non moins sacrés. M. Biot a bien voulu m'honorer de ses conseils dans la rédaction de cet ouvrage. Réunissant la sagacité du physicien à la profondeur du géomètre, son commerce est aussi devenu pour moi une source féconde d'instruction : malgré le grand nombre de ses occupations, il a bien voulu calculer les tables des réfractions horizontales et de l'extinction de la lumière, jointes à mon tableau.

Les faits que j'ai énoncés sur l'histoire des arbres fruitiers sont tirés de l'ouvrage de M. Sickler, qui réunit, ce qui se trouve si rarement ensemble, une grande érudition et des vues très-philosophiques.

M. Decandolle m'a fourni des matériaux intéressans sur la Géographie des plantes des Hautes-Alpes : M. Ramond m'en a communiqué sur la Flore des Pyrénées : j'en ai tiré d'autres des ouvrages classiques de M. Wildenow. Il étoit important de comparer les phénomènes de la végétation équinoxiale avec ceux que présente notre sol européen. M. Delambre a bien voulu enrichir mon tableau de plusieurs mesures de hauteurs qui n'ont jamais été publiées. Un grand nombre de mes observations barométriques ont été calculées par M. Prony d'après la formule de M. Laplace, en ayant égard à l'influence de la pesanteur. Ce savant respectable a même eu la bonté de faire calculer sous ses yeux plus de quatre cents de mes mesures de hauteur.

Je travaille en ce moment à la rédaction des observations astronomiques que j'ai faites dans le cours de mon expédition, et dont une partie a été présentée au Bureau des longitudes pour en faire examiner l'exactitude. Il seroit imprudent de publier auparavant, soit les cartes que j'ai dressées sur l'intérieur du continent, soit la relation même de mon voyage ; car la position des lieux et leur hauteur influent sur tous les phénomènes des régions que j'ai parcourues. J'ose me flatter surtout que les observations de longitude que j'ai faites pendant la navigation sur l'Orénoque, le Cassiquiaré et le Rio-Negro, intéresseront ceux qui s'occupent de la géographie de l'Amérique méridionale. Malgré la description exacte que le P. Caulin a donnée du Cassiquiaré, les géographes les plus modernes ont jeté de nouveaux doutes sur la communication qui existe entre l'Orénoque et la rivière des Amazones. Travaillant sur les lieux, je ne devois pas m'attendre qu'on me reprocheroit avec amertume [1] d'avoir trouvé dans la nature le cours des rivières et la direction des montagnes très-différens de ce qu'indique la carte de la Cruz; mais c'est le sort des voyageurs de déplaire lorsqu'ils observent des faits qui sont contraires aux opinions reçues.

Après la rédaction du volume astronomique, celle de mes autres travaux pourra suivre rapidement; et ce ne sera qu'après avoir publié les fruits de mon dernier voyage que je m'occuperai d'une nouvelle entreprise que j'ai projetée, et qui pourra répandre le plus grand jour sur la météorologie et les phénomènes magnétiques.

Je ne puis publier cet essai, premier fruit de mes recherches, sans offrir l'hommage de ma re-

---

[1] Géographie moderne de Pinkerton, trad. par Walkenaer; tom. 6, pag. 174 — 177.

connoissance profonde et respectueuse au gouvernement qui m'a honoré d'une protection si généreuse pendant le cours de mes voyages : jouissant d'une permission qui n'a jamais été accordée à aucun particulier, vivant pendant cinq ans au milieu d'une nation franche et loyale, je n'ai connu dans les colonies espagnoles d'autres obstacles que ceux que présente la nature physique. Le souvenir de cette bienveillance du gouvernement restera aussi perpétuellement gravé dans mon ame que les marques d'affection et d'intérêt dont toutes les classes des habitans m'ont honoré pendant mon séjour dans les deux Amériques.

Alex. de Humboldt.

ESSAI

SUR LA

GÉOGRAPHIE DES PLANTES.

Les recherches des botanistes sont généralement dirigées vers des objets qui n'embrassent qu'une très-petite partie de leur science. Ils s'occupent presque exclusivement de la découverte de nouvelles espèces de plantes, de l'étude de leur structure extérieure, des caractères qui les distinguent, et des analogies qui les unissent en classes et en familles.

Cette connoissance des formes sous lesquelles se présentent les êtres organisés, est sans doute la base principale de l'histoire naturelle descriptive. On doit la regarder comme indispensable pour l'avancement des sciences qui traitent des propriétés médicales des végétaux, de leur culture, ou de leur application aux arts : mais si elle est digne d'occuper exclusivement un grand nombre de botanistes, si même elle est susceptible d'être envisagée sous des points de vue philosophiques, il n'est pas moins important de fixer la Géographie des plantes ; science dont il n'existe encore que le nom, et qui cependant fait une partie essentielle de la physique générale.

---

[1] Lu à la Classe des sciences physiques et mathématiques de l'Institut national, le 17 Nivôse de l'an 13.

C'est cette science qui considère les végétaux sous les rapports de leur association locale dans les différens climats. Vaste comme l'objet qu'elle embrasse, elle peint à grands traits l'immense étendue qu'occupent les plantes, depuis la région des neiges perpétuelles jusqu'au fond de l'Océan, et jusque dans l'intérieur du globe, où végètent, dans des grottes obscures, des cryptogames aussi peu connues que les insectes qu'elles nourrissent.

La limite supérieure de la végétation varie, comme celle des glaces perpétuelles, selon la distance des lieux au pôle, ou selon l'obliquité des rayons solaires. Nous ignorons jusqu'où s'étend la limite inférieure des plantes : mais des observations exactes, faites sur la végétation souterraine dans les deux hémisphères, prouvent que l'intérieur du globe est animé partout où des germes organiques ont trouvé un espace propre à leur développement, une nourriture analogue à leur organisation. Ces cimes pierreuses et glacées que l'œil distingue à peine au-dessus des nuages, ne sont couvertes que de mousses et de plantes licheneuses. Des cryptogames analogues, tantôt étiolées, tantôt colorées, se ramifient sur les voûtes des mines et des grottes souterraines. Ainsi les deux limites opposées de la végétation produisent des êtres d'une structure semblable, et dont la physiologie nous est également inconnue.

La géographie des plantes ne range pas seulement les végétaux selon les zones et les hauteurs différentes auxquelles ils se trouvent ; elle ne se contente pas de les considérer selon les degrés de pression atmosphérique, de température, d'humidité et de tension électrique, sous lesquels ils vivent :

elle distingue parmi eux, comme parmi les animaux, deux classes qui ont une manière de vivre et, si l'on ose le dire, des habitudes très-différentes.

Les uns croissent isolés et épars : tels sont en Europe le *solanum dulcamara*, le *lychnis dioica*, le *polygonum bistorta*, l'*anthericum liliago*, le *cratægus aria*, le *weissia paludosa*, le *polytrichum piliferum*, le *fucus saccharinus*, le *clavaria pistillaris*, l'*agaricus procerus*; sous les tropiques, le *theophrasta americana*, le *lysianthus longifolius*, les *cinchona*, le *hevea*. D'autres plantes, réunies en société comme les fourmis et les abeilles, couvrent des terrains immenses, dont elles excluent toute espèce hétérogène : tels sont les fraisiers (*fragaria vesca*), les myrtilles (*vaccinium myrtillus*), le *polygonum aviculare*, le *cyperus fuscus*, l'*aira canescens*, le *pinus sylvestris*, le *sesuvium portulacastrum*, le *rhizophora mangle*, le *croton argenteum*, le *convolvulus brasiliensis*, le *brathys juniperina*, l'*escallonia myrtilloides*, le *bromelia karatas*, le *sphagnum palustre*, le *polytrichum commune*, le *fucus natans*, le *sphæria digitata*, le *lichen hæmatomma*, le *cladonia paschalis*, le *thelephora hirsuta*.

Ces plantes associées sont plus communes dans les zones tempérées que sous les tropiques, dont la végétation moins uniforme est par cela même plus pittoresque. Depuis les rives de l'Orénoque jusqu'à celles de l'Amazone et de l'Ucayale, sur une étendue de plus de cinq cents lieues, toute la surface du sol est couverte d'épaisses forêts ; et si les rivières n'en interrompoient pas la continuité, les singes, qui sont presque les seuls habitans de ces solitudes, pourroient, en s'élançant de branche en branche, se porter de l'hémisphère boréal à l'hémisphère austral. Mais ces immenses forêts n'offrent pas le spectacle uniforme des plantes sociales ; chaque partie en produit de formes diverses. Ici on trouve des mimoses, des *psychotria* ou des melastomes, là des lauriers, des césalpines, des *ficus,* des *carolinea* et des *hevea,* qui entrelacent leurs rameaux : aucun végétal n'exerce son empire sur les autres. Il n'en est pas de même dans cette région des tropiques qui avoisine le Nouveau-Mexique et le Canada. Depuis le 17.e au 22.e degré de latitude, tout le pays d'Anahuac, tout ce plateau élevé de quinze cents à trois mille mètres au-dessus du niveau de la mer, est couvert de chênes, et d'une espèce de sapins qui approche du *pinus strobus.* Sur la pente orientale de la Cordillière, dans les vallées de Xalapa, on trouve une vaste forêt de liquidambars : le sol, la végétation et le climat, y prennent le caractère des régions tempérées ; circonstance que l'on n'observe nulle part à égale hauteur dans l'Amérique méridionale.

La cause de ce phénomène paroît dépendre de la structure du continent d'Amérique. Ce continent s'élargit vers le pôle boréal et se prolonge dans ce sens beaucoup plus que l'Europe ; ce qui rend le climat du Mexique plus froid qu'il ne devroit l'être d'après sa latitude et son élévation sur le niveau de la mer. Les végétaux du Canada et ceux des régions plus septentrionales ont reflué vers le Sud, et les montagnes volcaniques du Mexique sont couvertes de ces mêmes sapins qui paroîtroient ne devoir appartenir qu'aux sources du Gila et du Missouri.

En Europe, au contraire, la grande catastrophe qui a ouvert le détroit de Gibraltar et creusé le lit de la Méditerranée, a empêché les plantes de l'Afrique de passer depuis lors dans l'Europe australe : aussi en trouve-t-on fort peu d'espèces au nord des Pyrénées. Mais les chênes qui couronnent les hauteurs de la vallée de Tenochtitlan sont des espèces identiques avec celles qui existent au quarante-cinquième degré, et le peintre qui parcourroit cette partie des pays situés sous les tropiques, pour y étudier le caractère de la végétation, n'y rencontreroit pas la beauté et la variété de formes que présentent les plantes équinoxiales. Il trouveroit, dans le parallèle de la Jamaïque, des forêts de chênes, de sapins, de *cupressus disticha* et d'*arbutus madronno*; forêts qui présentent toutes le caractère et la monotonie des plantes sociales du Canada, de l'Europe et de l'Asie boréale.

Il seroit intéressant de désigner sur des cartes botaniques les terrains où vivent ces assemblages de végétaux de la même espèce. Ils s'y présenteroient par de longues bandes, dont l'extension irrésistible diminue la population des états, sépare les nations voisines, et met à leur communication et à leur commerce des obstacles plus forts que les montagnes et les mers. Les bruyères, cette association de l'*erica vulgaris*, de l'*erica tetralix*, des *lichen icmadophila* et *hæmatomma*, se répandent depuis l'extrémité la plus septentrionale du Jutland, par le Holstein et le Lunebourg, jusqu'au 52.ᵉ degré de latitude. De là elles se portent vers l'Ouest, par les sables granitiques de Munster et de Breda, jusqu'aux côtes de l'Océan.

Ces végétaux, depuis une longue suite de siècles, répandent la stérilité sur le sol et exercent un empire absolu sur ces régions : l'homme, malgré ses efforts, luttant contre une nature presque indomptable, ne leur a enlevé que peu de terrain pour la culture. Ces champs labourés, ces conquêtes de l'industrie, les seules bienfaisantes pour l'humanité, forment, pour ainsi dire, de petits îlots au milieu des bruyères : ils rappellent à l'imagination du voyageur ces *oasis* de la Lybie, dont la verdure toujours fraîche contraste avec les sables du désert.

Une mousse commune aux marais des tropiques et à ceux de l'Europe, le *sphagnum palustre*, couvroit jadis une grande partie de la Germanie. C'est cette mousse qui rendit de vastes terrains inhabitables à ces peuples nomades dont Tacite nous a décrit les mœurs. Un fait géologique vient à l'appui de ce phénomène. Les tourbières les plus anciennes, celles qui sont mêlées de muriate de soude et de coquilles marines, doivent leur origine à des ulves et à des *fucus* : les plus nouvelles, au contraire, et les plus répandues, naissent du *sphagnum* et du *mnium serpillifolium* ; et leur existence prouve combien ces cryptogames abondoient jadis sur le globe. En abattant les forêts, des peuples agricoles ont diminué l'humidité des climats ; les marais se sont desséchés, et les végétaux utiles ont gagné peu à peu les plaines qu'occupoient exclusivement ces cryptogames contraires à la culture.

Quoique le phénomène des plantes sociales paroisse appartenir principalement aux zones tempérées, les tropiques en offrent cependant plusieurs exemples. Sur le dos de la longue chaîne des Andes, à trois mille mètres de hauteur, s'étendent le *brathis juniperina*, le *jaravà* (genre de graminées voisin du *papporophorum*), l'*escallonia myrtilloides*, plusieurs espèces de *molina*, et surtout le *tourrettia*, dont la moelle donne une nourriture que l'Indien indigent se dispute quelquefois avec les ours. Dans les plaines qui séparent la rivière des Amazones et le Chinchipe, on trouve ensemble le *croton argenteum*, le *bougainvillea* et le *godoya*; comme dans les Savanes de l'Orénoque, le palmier *mauritia*, des sensitives herbacées et des *kyllingia*. Dans le royaume de la Nouvelle-Grenade, le *bambusa* et les *heliconia* offrent des bandes uniformes et non interrompues par d'autres végétaux : mais ces associations de plantes de la même espèce y sont constamment moins étendues, moins nombreuses, que dans les climats tempérés.

Pour prononcer sur l'ancienne liaison des continens voisins, la géologie se fonde sur la structure analogue des côtes, sur les bas-fonds de l'Océan, et sur l'identité des animaux qui les habitent. La géographie des plantes fournit des matériaux précieux pour ce genre de recherches : elle peut, jusqu'à un certain point, faire reconnoître les îles qui, autrefois réunies, se sont séparées les unes des autres; elle annonce que la séparation de l'Afrique et de l'Amérique méridionale s'est faite avant le développement des êtres organisés. C'est encore cette science qui montre quelles plantes sont communes à l'Asie orientale et aux côtes du Mexique et de la Californie; s'il en est qui existent sous toutes les zones et à toute élévation au-dessus du niveau de la mer. C'est par le secours de la géographie des plantes que l'on peut remonter avec quelque certitude jusqu'au premier état physique du globe : c'est elle qui décide si, après la retraite de ces eaux dont les roches coquillières attestent l'abondance et les agitations, toute la surface de la terre s'est couverte à la fois de végétaux divers, ou si, conformément aux traditions de différens peuples, le globe, rendu au repos, n'a produit d'abord des plantes que dans une seule région, d'où les courans de la mer les ont transportées, par la suite des siècles et avec une marche progressive, dans les zones les plus éloignées.

C'est cette science qui examine si, à travers l'immense variété des formes végétales, on peut reconnoître quelques formes primitives, et si la diversité des espèces doit être considérée comme l'effet d'une dégénération qui a rendu constantes, avec le temps, des variétés d'abord accidentelles.

Si j'osois tirer des conclusions générales des phénomènes que j'ai observés dans les deux hémisphères, les germes des cryptogames me paroîtroient les seuls que la nature développe spontanément dans tous les climats. Le *dicranum scoparium* et le *polytrichum commune*, le *verrucaria sanguinea* et le *verrucaria limitata* de Scopoli, viennent sous toutes les latitudes, en Europe comme sous l'équateur, et non-seulement sur les chaînes des plus hautes montagnes, mais au niveau de la mer même, partout où il y a de l'ombre et de l'humidité.

Aux rives de la Madeleine, entre Honda et l'Egyptiaca, dans une plaine où le thermomètre centigrade se soutient presque constamment de 28 à 30 degrés, au pied des *macrocnemum* et des *ochroma*, les mousses forment une pelouse aussi belle, aussi verte, que celle que présente la Norwège. Si d'autres voyageurs ont assuré que les cryptogames sont très-rares sous les tropiques, cette assertion se fondoit sans doute sur ce qu'ils ne visitoient que des côtes arides ou des îlots cultivés, sans pénétrer assez dans l'intérieur des continens. Des plantes licheneuses de même espèce se trouvent sous toutes les latitudes : leur forme paroît aussi indépendante de l'influence des climats que l'est la nature des roches qu'elles habitent.

Nous ne connoissons encore aucune plante phanérogame, dont les organes soient assez flexibles pour s'accommoder à toutes les zones et à toutes les hauteurs. En vain a-t-on prétendu que l'*alsine media*, le *fragaria vesca* et le *solanum nigrum*, jouissoient de cet avantage, qui ne paroît réservé qu'à l'homme et à quelques mammifères dont il est entouré. La fraise des États-unis et du Canada diffère de celle de l'Europe. Nous avons cru, M. Bonpland et moi, découvrir quelques pieds de la dernière sur la Cordillière des Andes, en passant de la vallée de la Madeleine à celle de Cauca, par les neiges de Quindiu. La solitude de ces forêts, composées de styrax, de passiflores en arbre et de palmiers à cire, le manque de culture dans les environs, et d'autres circonstances, paroissent exclure le soupçon que ces fraisiers y aient été disséminés par la main de l'homme ou par des oiseaux ; mais peut-être, si nous eussions vu cette plante en fleurs, l'aurions-nous trouvée spécifiquement différente du *fragaria vesca*, comme le *fragaria elatior* diffère du *fragaria virginiana* par des nuances bien légères : du moins, pendant les cinq ans que nous avons herborisé dans les deux hémisphères, nous n'avons recueilli aucune plante d'Europe spontanément produite par le sol de l'Amérique méridionale. On doit se borner à croire que l'*alsine media*, le *solanum nigrum*, le *sonchus oleraceus*, l'*apium graveolens*, et le *portulaca oleracea*, sont des végétaux qui, comme les peuples des races du Caucase, sont très-répandus dans la partie boréale de l'ancien continent. Nous connoissons encore si peu les productions de l'intérieur des terres, que nous devons nous abstenir de toute conclusion générale : nous risquerions d'ailleurs de tomber dans l'erreur de ces géologues qui construisent le globe entier d'après le modèle des collines qui les entourent de plus près.

Pour décider le grand problème de la migration des végétaux, la géographie des plantes descend dans l'intérieur du globe : elle y consulte les monumens antiques que la nature a laissés dans les pétrifications, dans les bois fossiles et les couches de charbons de terre, qui sont le tombeau de la première végétation de notre planète. Elle découvre des fruits pétrifiés des Indes, des palmiers, des fougères en arbre, des scitaminées, et le bambou des tropiques, ensevelis dans les terres glacées du Nord ; elle considère si ces productions équinoxiales, de même que les os d'éléphans, de tapirs, de crocodiles et de didelphes, récemment trouvés en

Europe, ont pu être portés aux climats tempérés par la force des courans dans un monde submergé, ou si ces mêmes climats ont nourri jadis les palmiers et le tapir, le crocodile et le bambou. On incline vers cette dernière opinion, lorsque l'on considère les circonstances locales qui accompagnent ces pétrifications des Indes. Mais peut-on admettre de si grands changemens dans la température de l'atmosphère, sans avoir recours à un déplacement des astres, ou à un changement dans l'axe de la terre, que l'état actuel de nos connoissances astronomiques rend peu vraisemblables ? Si les phénomènes les plus frappans de la géologie nous attestent que toute la croûte de notre planète fut jadis dans un état liquide ; si la stratification et la différence des roches nous indiquent que la formation des montagnes et la cristallisation des grandes masses autour d'un noyau commun ne se sont point effectuées dans le même temps sur toute la surface du globe ; on peut concevoir que leur passage de l'état liquide à l'état solide a dû rendre libre une immense quantité de calorique, et augmenter pour un certain temps la température d'une région indépendamment de la chaleur solaire : mais cette augmentation locale de température auroit-elle été d'aussi longue durée que l'exige la nature des phénomènes que l'on doit expliquer ?

Les changemens observés dans la lumière des astres ont pu faire soupçonner que celui qui fait le centre de notre système subit des variations analogues. Une augmentation d'intensité des rayons solaires auroit-elle à de certaines époques répandu les chaleurs des tropiques sur les zones voisines du pôle? Ces variations, qui rendroient la Laponie habitable aux plantes équinoxiales, aux éléphans et aux tapirs, sont-elles périodiques? ou sont-elles l'effet de quelques causes passagères et perturbatrices de notre système planétaire?

Voilà des discussions par lesquelles la géographie des plantes se lie à la géologie. C'est en répandant du jour sur l'histoire primitive du globe qu'elle offre à l'imagination de l'homme un champ aussi riche qu'intéressant à cultiver.

Les végétaux, si analogues aux animaux par rapport à l'irritabilité de leurs fibres et aux stimulans qui les excitent, en diffèrent essentiellement par rapport à leur mobilité. La plupart des animaux ne quittent leur mère que dans l'état adulte. Les plantes, au contraire, fixées au sol après leur développement, ne peuvent voyager que tandis qu'elles sont encore contenues dans l'œuf, dont la structure favorise la mobilité. Mais ce ne sont pas seulement les vents, les courans et les oiseaux, qui aident à la migration des végétaux; c'est l'homme surtout qui s'en occupe.

Lorsqu'il abandonne la vie errante, il réunit autour de lui les animaux et les plantes utiles qui peuvent le vêtir et lui servir d'alimens. Ce passage de la vie nomade à l'agriculture est tardif chez les peuples du Nord. Dans les régions équinoxiales, entre l'Orénoque et l'Amazone, l'épaisseur des bois empêche le sauvage de se nourrir de la chasse: il est obligé de soigner quelques plantes, quelques pieds de *jatropha*, de bananier et de *solanum*, qui servent pour sa subsistance. La pêche, les fruits des palmiers, et ces petits terrains cultivés (si j'ose nommer culture la réunion d'un si petit nombre de végétaux), voilà sur quoi se fonde la nourriture de ces Indiens de l'Amérique méridionale. L'état du sauvage est partout modifié par la nature du climat et du sol qu'il habite. Ce sont ces modifications seules qui distinguoient les premiers habitans de la Grèce des Bédouins pasteurs, et ceux-ci des Indiens du Canada.

Quelques plantes, qui font l'objet du jardinage et de l'agriculture depuis les temps les plus reculés, ont accompagné l'homme d'un bout du globe à l'autre. Ainsi en Europe la vigne a suivi les Grecs, le froment les Romains, et le coton les Arabes. En Amérique, les Tultèques ont porté avec eux le maïs: les patates et le quinoa se trouvent partout où ont passé les habitans de l'ancienne Condinamarca. La migration de ces plantes est évidente; mais leur première patrie est aussi peu connue que celle des différentes races d'hommes, que nous trouvons déjà sur toutes les parties du globe à l'époque la plus reculée à laquelle remontent les traditions. Au sud et à l'est de la mer Caspienne, aux rives de l'Oxus, dans l'ancienne Colchide, et surtout dans la province de Curdistan, dont les hautes montagnes sont perpétuellement couvertes de neige et ont par conséquent plus de trois mille mètres d'élévation, le sol est couvert de citronniers, de grenadiers, de cerisiers, de poiriers et de tous les arbres fruitiers que nous réunissons dans nos jardins. Nous ignorons si c'est là leur site natal, ou si, cultivés jadis, ils sont devenus sauvages, et attestent par leur existence l'ancienne culture de ces régions. Ce sont ces pays fertiles situés entre l'Euphrate et l'Indus, entre la mer Caspienne, le Pont-Euxin et le golfe Persique, qui ont fourni les productions les plus précieuses à l'Europe. La Perse nous a envoyé le noyer, le pêcher; l'Arménie, l'abricotier; l'Asie mineure, le cerisier et le marronier; la Syrie, le figuier, le poirier, le grenadier, l'olivier, le prunier et le mûrier. Du temps de Caton les Romains ne connoissoient encore ni cerises, ni pêches, ni mûres.

Hésiode et Homère font déjà mention de l'olivier cultivé en Grèce et dans les îles de l'Archipel. Sous le règne de Tarquin l'ancien, cet arbre n'existoit point encore en Italie, en Espagne et en Afrique. Sous le consulat d'Appius Claudius l'huile étoit encore très-rare à Rome; mais du temps de Pline l'olivier avoit déjà passé en France et en Espagne. La vigne que nous cultivons aujourd'hui n'appartient pas à l'Europe : elle paroît sauvage sur les côtes de la mer Caspienne, en Arménie et en Caramanie. D'Asie elle passa en Grèce, et de là en Sicile. Les Phocéens la portèrent dans la France méridionale : les Romains la plantèrent sur les bords du Rhin. Les espèces de *vites* que l'on trouve sauvages dans l'Amérique septentrionale, et qui donnèrent le nom de terre de vin (*Winenland*) à la première partie du nouveau continent que les Européens ont découverte, sont très-différentes de notre *vitis vinifera*.

Un cerisier chargé de fruits orna le triomphe de Lucullus; c'étoit le premier arbre de cette espèce que l'on voyoit en Italie. Le dictateur l'avoit enlevé dans la province de Pont, lors de la victoire qu'il remporta sur Mithridate. En moins d'un siècle le cerisier étoit déjà commun en France, en Allemagne et en Angleterre. Ainsi l'homme change à son gré la surface du globe, et rassemble autour de lui les plantes des climats les plus éloignés. Dans les colonies européennes des deux Indes, un petit terrain cultivé présente le café de l'Arabie, la canne à sucre de la Chine, l'indigo de l'Afrique, et une foule d'autres végétaux qui appartiennent aux deux hémisphères. Cette variété de productions devient d'autant plus intéressante, qu'elle rappelle à l'imagination de l'observateur une suite d'événemens qui ont répandu la race humaine sur toute la surface du globe, dont elle s'est approprié toutes les productions.

C'est ainsi que l'homme inquiet et laborieux, en parcourant les diverses parties du monde, a forcé un certain nombre de végétaux d'habiter tous les climats et toutes les hauteurs; mais cet empire exercé sur ces êtres organisés n'a point dénaturé leur structure primitive. La pomme de terre, cultivée au Chili à trois mille six cents mètres (1936 toises) de hauteur, porte la même fleur que celle que l'on a introduite dans les plaines de la Sibérie. L'orge qui nourrissoit les chevaux d'Achille étoit sans doute la même que nous semons aujourd'hui. Les formes caractéristiques des végétaux et des animaux que présente la surface actuelle du globe, ne paroissent avoir subi aucun changement depuis les époques les plus reculées. L'ibis enfoui dans les catacombes d'Égypte, cet oiseau dont l'antiquité remonte presque à celle des Pyramides, est identique avec celui qui pêche aujourd'hui sur les bords du Nil; identité qui prouve évidemment que les énormes dépouilles des animaux fossiles que renferme le sein de la terre, n'appartiennent pas à des variétés des espèces actuelles, mais à un ordre de choses très-différent de celui sous lequel nous vivons, et trop ancien pour que nos traditions puissent y remonter.

L'homme, favorisant par la culture les plantes nouvellement introduites, les a fait dominer sur les plantes indigènes ; mais cette prépondérance, qui rend l'aspect du sol européen si monotone, et qui désespère le botaniste dans ses excursions, n'appartient qu'à cette petite partie du globe où la civilisation est devenue plus parfaite, et dans laquelle, par une suite nécessaire, la population a le plus augmenté. Dans les pays voisins de l'équateur, l'homme est trop foible pour dompter une végétation qui cache le sol à ses yeux et ne laisse rien de libre que l'Océan et les rivières. La nature y porte ce caractère sauvage et majestueux près duquel disparoissent tous les efforts de la culture.

L'origine, la première patrie, de ces végétaux les plus utiles à l'homme et qui le suivent depuis les époques les plus reculées, est un secret aussi impénétrable que la première demeure de tous les animaux domestiques. Nous ignorons la patrie des graminées qui fournissent la nourriture principale aux peuples de la race Mogole et du Caucase; nous ne savons pas quelle région a produit spontanément les céréales, le froment, l'orge, l'avoine et le seigle. Cette dernière graminée paroît même ne pas avoir été cultivée par les Romains. On a prétendu avoir trouvé sauvages, l'orge aux rives du Samara en Tartarie, le *triticum spelta* en

Arménie, le seigle en Crète, le froment à Baschiros en Asie : mais ces faits ne paroissent pas assez constatés ; car il est très-facile de prendre pour des plantes spontanément produites celles qui, fuyant loin de l'empire de l'homme, ont regagné leur ancienne liberté. Les oiseaux, en dévorant les graines des céréales, les disséminent facilement dans les bois. Les plantes qui constituent la richesse naturelle de tous les habitans des tropiques, le bananier, le *carica papaya*, le *jatropha manihot*, et le maïs, n'ont jamais été trouvés dans l'état sauvage. J'en ai vu quelques pieds aux rives du Cassiquiaré et du Rio-Negro : mais le sauvage de ces régions, aussi mélancolique que méfiant, cultive de petits terrains dans les endroits les plus solitaires ; il les abandonne peu de temps après, et les plantes qu'il y a laissées paroissent bientôt naturelles au sol qui les produit. La pomme de terre, cette plante bienfaisante sur laquelle se fonde en grande partie la population des pays les plus stériles de l'Europe, présente le même phénomène que le bananier, le maïs et le froment. Quelques recherches que j'aie pu faire sur les lieux, je n'ai jamais appris qu'aucun voyageur l'eût trouvée sauvage, ni sur le sommet de la Cordillière du Pérou, ni dans le royaume de la Nouvelle-Grenade, où cette plante est cultivée avec le *chenopodium quinoa*.

Telles sont les considérations que présentent l'agriculture, et ses objets variés d'après les latitudes, ou l'origine et les besoins des peuples. L'influence de la nourriture, plus ou moins stimulante, sur le caractère et l'énergie des passions, l'histoire des navigations et des guerres entreprises pour se disputer des productions du règne végétal ; voilà des objets qui lient la géographie des plantes à l'histoire politique et morale de l'homme.

Ces rapports suffiroient sans doute pour montrer l'étendue de la science dont j'essaie ici de tracer les limites ; mais l'homme sensible aux beautés de la nature y trouve encore l'explication de l'influence qu'exerce l'aspect de la végétation sur le goût et l'imagination des peuples. Il se plaira à examiner en quoi consiste ce que l'on nomme le caractère de la végétation, et la variété de sensations qu'elle produit dans l'ame de celui qui la contemple. Ces considérations sont d'autant plus importantes qu'elles touchent de près aux moyens par lesquels les arts d'imitation et la poésie descriptive parviennent à agir sur nous. Le simple aspect de la nature, la vue des champs et des bois, causent une jouissance qui diffère essentiellement de l'impression que fait l'étude particulière de la structure d'un être organisé. Ici, c'est le détail qui nous intéresse et qui excite notre curiosité ; là, c'est l'ensemble, ce sont des masses, qui agitent notre imagination. Quelle impression différente cause l'aspect d'une vaste prairie bordée de quelques groupes d'arbres, et l'aspect d'un bois touffu et sombre mêlé de chênes et de sapins ? Quel contraste frappant entre les forêts des zones tempérées, et celles de l'équateur, où les troncs nus et élancés des palmiers s'élèvent au-dessus des acajous fleuris, et présentent dans l'air de majestueux portiques ? Quelle est la cause morale de ces sensations ? sont-elles produites par la nature, par la grandeur des masses, le contour des formes, ou le port des-végétaux ? Comment ce port, cette vue d'une nature plus ou moins riche, plus ou moins riante, influent-ils sur les mœurs et surtout sur la sensibilité des peuples ? En quoi consiste le caractère de la végétation des tropiques ? quelle différence de physionomie distingue les plantes de l'Afrique de celles du nouveau continent? quelle analogie de formes unit les végétaux alpins des Andes à ceux des hautes cimes des Pyrénées ? Voilà des questions peu agitées jusqu'à ce jour, et qui sont dignes sans doute d'occuper le physicien.

Dans la variété des végétaux qui couvrent la charpente de notre planète, on distingue sans peine quelques formes générales auxquelles se réduisent la plupart des autres, et qui présentent autant de familles ou groupes plus ou moins analogues entre eux. Je me borne à nommer quinze de ces groupes, dont la physionomie offre une étude importante au peintre paysagiste : 1.° la forme des scitaminées (*musa, heliconia, strelitria*); 2.° celle des palmiers; 3.° les fougères arborescentes; 4.° la forme des *arum*, des *pothos* et des *dracontium*; 5.° celle des sapins (*taxus, pinus*); 6.° tous les *folia acerosa*; 7.° celle des tamarins (*mimosa, gleditsia, porlieria*); 8.° la forme des malvacées (*sterculia, hibiscus, ochroma, cavanillesia*); 9.° celle des lianes (*vitis, paullinia*); 10.° celle des orchidées (*epidendrum, serapias*); 11.° celle des raquettes (*cactus*); 12.° celle des casuarines, les *equisetum*; 13.° celle des graminées; 14.° celle des mousses; 15.° enfin, celle des lichens.

Ces divisions physionomiques n'ont presque rien de commun avec celles que les botanistes ont faites jusqu'à ce jour selon des principes très-différens. Il ne s'agit ici que des grands contours qui déterminent la physionomie de la végétation, et de l'analogie d'impression que reçoit le contemplateur de la nature, tandis que la botanique descriptive réunit les plantes selon l'affinité que présentent les parties les plus petites, mais les plus essentielles, de la fructification. Ce seroit une entreprise digne d'un artiste distingué que celle d'étudier, non dans les serres et dans les livres de botanique, mais dans la nature même, la physionomie des groupes de plantes dont j'ai fait l'énumération. Quel objet intéressant pour un tableau que le tronc antique d'un palmier balançant ses feuilles panachées au-dessus d'un groupe d'*heliconia* et de bananiers ? Quel contraste pittoresque n'offriroit pas une fougère en arbre, environnée des chênes du Mexique ?

C'est dans la beauté absolue des formes, c'est dans l'harmonie et dans le contraste qui naissent de leur assemblage, que consiste ce que l'on nomme le caractère de la nature dans telle ou telle région. Quelques formes, et les plus belles (celles des scitaminées, des palmiers et des bambous), manquent entièrement dans les zones tempérées; d'autres, par exemple les arbres à feuilles pinnées, y sont très-rares et moins élégans. Les espèces arborescentes y sont en très-petit nombre, moins grandes, moins chargées de fleurs agréables à la vue. Aussi la fréquence des plantes sociales dont il a été parlé plus haut, et la culture de l'homme, y rendent-elles l'aspect du sol plus monotone. Sous les tropiques, au contraire, la nature s'est plu à réunir toutes les formes. Celle des pins paroît y manquer au premier coup d'œil; mais dans les Andes de Quindiu, dans les forêts tempérées de l'Oxa et au Mexique, il y a des cyprès, des sapins et des genévriers.

Les formes végétales près de l'équateur sont en général plus majestueuses, plus imposantes; le vernis des feuilles y est plus brillant, le tissu du parenchyme plus lâche, plus succulent. Les arbres les plus élevés y sont constamment ornés de fleurs plus belles, plus grandes et plus odoriférantes, que celles des plantes herbacées dans les zones tempérées. L'écorce brûlée de leurs troncs antiques forme le contraste le plus agréable avec la jeune verdure des lianes, avec celle des pothos, et surtout avec les orchidées, dont les fleurs imitent la forme et le plumage des oiseaux qui en sucent le nectar. Cependant les tropiques n'offrent jamais à nos yeux l'étendue et la verdure des prairies qui bordent les rivières dans les pays du Nord: on n'y connoît presque pas cette douce sensation d'un printemps qui réveille la végétation. La nature, bienfaisante pour tous les êtres, a réservé pour chaque région des dons particuliers. Un tissu de fibres plus ou moins lâche, des couleurs végétales plus ou moins vives, selon le mélange chimique des élémens et la force stimulante des rayons solaires : voilà quelques-unes des causes qui impriment à la végétation dans chaque zone du globe un caractère particulier. La grande hauteur à laquelle s'élèvent les terres près de l'équateur, donne aux habitans des tropiques le spectacle curieux de végétaux dont les formes sont les mêmes que dans les plantes d'Europe.

Les vallées des Andes sont ornées de bananiers et de palmiers ; plus haut se trouve l'arbre bienfaisant dont l'écorce est le fébrifuge le plus prompt et le plus salutaire. Dans cette région tempérée des quinquinas, et plus haut vers celle des *escallonia*, s'élèvent des chênes, des sapins, des *berberis*, des *alnus*, des *rubus*, et une foule de genres que nous ne croyons appartenir qu'aux pays du Nord. Aussi l'habitant des régions équinoxiales connoît toutes les formes végétales que la nature a disposées autour de lui : la terre développe à ses yeux un spectacle aussi varié que la voûte azurée du ciel, qui ne lui cache aucune de ses constellations.

Les peuples d'Europe ne jouissent pas du même avantage. Les plantes languissantes que l'amour des sciences ou un luxe raffiné fait cultiver dans les serres, ne leur présentent que l'ombre de la majesté des plantes équinoxiales ; beaucoup de formes leur restent à jamais inconnues : mais la richesse et la perfection de leurs langues, l'imagination et la sensibilité des poëtes et des peintres, sont pour eux des moyens de compensation. Ce sont les arts d'imitation qui retracent à nos yeux le tableau varié des régions équatoriales. En Europe, l'homme isolé sur une côte aride peut jouir dans sa pensée de l'aspect des régions lointaines : si son ame est sensible aux ouvrages de l'art, si son esprit cultivé est assez étendu pour s'élever aux grandes conceptions de la physique générale, du fond de sa solitude, sans sortir de ses foyers, il s'approprie tout ce que le naturaliste intrépide a découvert en parcourant les airs et l'Océan, en pénétrant dans des grottes souterraines, ou en s'élevant sur des sommets glacés. C'est par là, sans doute, que les lumières et la civilisation influent le plus sur notre bonheur individuel : elles nous font vivre à la fois dans le présent et dans le passé; elles rassemblent autour de nous tout ce que la nature a produit dans les climats divers, et nous mettent en communication avec tous les peuples de la terre. Soutenus des découvertes déjà faites, nous pouvons nous élancer dans l'avenir, et, pressentant les conséquences des phénomènes, fixer à jamais les lois auxquelles la nature s'est assujettie. C'est au milieu de ces recherches que nous nous préparons une jouissance intellectuelle, une liberté morale qui nous fortifie contre les coups de la destinée, et à laquelle aucun pouvoir extérieur ne sauroit porter atteinte.

TABLEAU PHYSIQUE

DES

RÉGIONS ÉQUATORIALES,

Dressé sur des mesures et des observations faites sur les lieux, depuis le dixième degré de latitude boréale jusqu'au dixième degré de latitude australe, pendant les années 1799, 1800, 1801, 1802 et 1803.

~~~~~~~~~~

Lorsque du niveau de la mer on s'élève aux sommets des hautes montagnes, l'on voit changer graduellement l'aspect du sol et la série des phénomènes physiques que présente l'atmosphère. Des végétaux d'une espèce très-différente succèdent à ceux des plaines : les plantes ligneuses se perdent peu à peu et font place aux plantes herbacées et alpines ; plus haut on ne trouve plus que des graminées et des cryptogames. Quelques lichens couvrent les rochers, même dans la région des neiges perpétuelles. Avec l'aspect de la végétation varient aussi les formes des animaux : les mammifères qui habitent les bois, les oiseaux qui animent les airs, les insectes même qui rongent les racines des plantes, tous diffèrent selon la hauteur du sol.

Fixant attentivement les yeux sur la nature des roches qui composent la croûte du globe, l'observateur les voit aussi changer à mesure qu'il s'éloigne du niveau de la mer. Tantôt les formations plus neuves qui couvrent le granit de la plaine, ne s'élèvent que jusqu'à une certaine hauteur; et vers la cime des montagnes reparoît cette même roche primitive qui sert de base à toutes les autres, et qui constitue l'intérieur de notre planète aussi avant que nos foibles [1] travaux ont pu pénétrer. Tantôt cette roche granitique demeure cachée sous d'autres d'une formation plus récente. Des pics élevés de plus de quatre mille mètres (2053 toises) au-dessus du niveau actuel de l'Océan, renferment des bancs de coquilles et de coraux pétrifiés. Souvent de petits cônes épars de basalte, de roche verte (*Grünstein*) et de schiste porphyrique, couronnent la crête des hautes montagnes, et offrent à la géologie des problèmes difficiles à résoudre. Le minéralogiste voit varier les phénomènes selon l'élévation du sol, comme le naturaliste voit varier les plantes et les animaux : mais l'air, ce mélange de fluides gazeux qui enveloppe notre planète et dont nous ignorons l'étendue, l'air offre des différences non moins frappantes. A mesure que nous nous éloignons du niveau de l'Océan, la température de l'air et sa pression diminuent; en même temps sa sécheresse et sa tension électrique augmentent : le bleu du ciel paroît plus foncé en raison de la hauteur à laquelle on s'élève.

---

[1] Les mines les plus profondes de l'Europe ont quatre cent huit mètres (209 toises) de profondeur perpendiculaire : la grande mine de Valenciana au Mexique a cinq cent seize mètres (266 toises).

Cette même hauteur influe sur le décroissement de la gravitation, sur le degré de chaleur qu'acquiert l'eau bouillante, sur l'intensité des rayons solaires qui traversent l'atmosphère, et sur les réfractions qu'ils subissent dans leur passage. C'est ainsi que l'observateur, s'éloignant du centre de la terre d'une quantité qui paroît infiniment petite si on la compare au rayon, se transporte pour ainsi dire dans un monde nouveau, et découvre plus de variations dans l'aspect du sol et les modifications de l'atmosphère, qu'il n'en éprouveroit en passant d'une latitude à une autre.

Ces variations se présentent dans toutes les régions où la nature a formé des chaînes de montagnes ou des plateaux élevés sur le niveau de l'Océan; mais elles sont moins marquées dans les zones tempérées que vers l'équateur, où les Cordillières s'élèvent de cinq à six mille mètres (2565 à 3078 toises) de hauteur, et où chaque élévation jouit d'une température uniforme et constante. Dans la proximité du pôle boréal se trouvent des montagnes presque aussi colossales que celles du royaume de Quito, et dont l'agroupement n'a été que trop souvent attribué à l'effet de la rotation du globe. Le mont S. Élie, situé sur la côte de l'Amérique opposée à l'Asie, sous les 60° 21 de latitude boréale, a cinq mille cinq cent douze mètres (2829 toises); le pic du Beau-Temps, situé sous les 59 degrés de latitude boréale, a quatre mille cinq cent quarante-sept mètres (2334 toises) de hauteur.[1] Dans notre

---

[1] Viaje al Estrecho de Fuca, por Don Dionisio Galeano y Don Cajetano Valdes; p. LXV.

latitude moyenne de 45 degrés, le Mont-Blanc s'élève à quatre mille sept cent cinquante-quatre mètres (2440 toises), et l'on pourra le regarder comme la cime la plus élevée de tout l'ancien continent, jusqu'à ce que des voyageurs intrépides aient mesuré la chaîne de montagnes située au nord-ouest de la Chine, et que l'on a annoncée comme surpassant la hauteur du Chimborazo. Mais dans les régions boréales, dans la zone tempérée, à 45 degrés, la limite de la neige perpétuelle, qui est en même temps la limite de toute organisation, n'est qu'à deux mille cinq cent trente-trois mètres (1300 toises) au-dessus du niveau de la mer. Il en résulte que, pour développer la variété des êtres organisés et des phénomènes météorologiques, la nature ne trouve sur les montagnes des zones tempérées que la moitié de l'étendue que lui offrent les tropiques, où la végétation ne cesse qu'à quatre mille sept cent quatre-vingt-treize mètres (2460 toises) de hauteur. Dans nos latitudes boréales, l'obliquité des rayons solaires et l'inégale durée des jours élèvent tellement en été la température de l'air des montagnes, que la différence de la chaleur des plaines et de celle qui règne à quinze cents mètres, est souvent imperceptible : c'est par cette raison que beaucoup de plantes qui croissent au pied de nos Alpes, se trouvent également à de grandes hauteurs. Les rigueurs du froid qu'elles y supportent dans les nuits d'automne, ne détruisent pas leur organisation ; elles éprouveroient le même abaissement de température, quelques mois plus tard, dans les plaines. Quelques plantes alpines des Pyrénées descendent très-bas dans les vallées ; elles y trouvent une chaleur à laquelle elles seroient aussi quelquefois exposées dans une station plus élevée.

Sous les tropiques, au contraire, sur la vaste étendue de quatre mille huit cents mètres de hauteur, sur cette pente rapide qui s'élève depuis la surface de l'Océan jusqu'aux glaces perpétuelles, les climats divers se succèdent et sont pour ainsi dire superposés. A chaque hauteur la température de l'air ne subit que de légers changemens; la pression de l'air atmosphérique, l'état hygroscopique de l'air, sa charge électrique, tout y suit des lois inaltérables, et d'autant plus faciles à reconnoître que les phénomènes y sont moins compliqués. Il résulte de cet état des choses, que chaque hauteur sous les tropiques, présentant des conditions particulières, offre aussi des productions variées selon la nature de ces circonstances, et que dans les Andes de Quito, dans une zone de deux mille mètres (1000 toises) de largeur horizontale, on découvrira une plus grande variété de formes que dans une zone égale sur la pente des Pyrénées.

J'ai essayé de réunir dans un seul tableau l'ensemble des phénomènes physiques que présentent les régions équinoxiales, depuis le niveau de la mer du Sud jusqu'au sommet de la plus haute cime des Andes. Le même tableau indique:

La végétation;
Les animaux;
Les rapports géologiques;
La culture;
La température de l'air;
Les limites des neiges perpétuelles;

La constitution chimique de l'atmosphère ;
Sa tension électrique ;
Sa pression barométrique ;
Le décroissement de la gravitation ;
L'intensité de la couleur azurée du ciel ;
L'affoiblissement de la lumière pendant son passage par les couches de l'air ;
Les réfractions horizontales, et le degré de l'eau bouillante à différentes hauteurs.

On a joint, pour faciliter la comparaison de ces phénomènes avec ceux des zones tempérées, un grand nombre de hauteurs mesurées dans les différentes parties du globe, et la distance à laquelle ces hauteurs peuvent être apercues sur mer, faisant abstraction de la réfraction terrestre.

Ce tableau embrasse pour ainsi dire toutes les recherches dont je me suis occupé pendant mon expédition aux tropiques. C'est le résultat d'un grand nombre de travaux que je prépare pour le public, et dans lesquels se trouvera développé ce que je n'ai pu qu'indiquer ici. J'ai osé penser que cet essai ne seroit pas seulement intéressant par ce qu'il offre en lui-même aux yeux du physicien ; j'ai cru qu'il le seroit bien plus encore par les combinaisons et les rapprochemens qu'il fera naître dans l'esprit de ceux qui s'occupent de la physique générale. Cette science, qui constitue sans doute une des parties les plus belles des connoissances humaines, ne peut faire de progrès que par l'étude individuelle, et la réunion de tous les phénomènes et de toutes les productions que présente la surface du globe. Dans ce grand enchaînement de causes et d'effets, aucun fait ne peut être considéré isolément. L'équilibre général qui règne au milieu de ces perturbations et de ce trouble apparent, est le résultat d'une infinité de forces mécaniques et d'attractions chimiques qui se balancent les unes par les autres ; et si chaque série de faits doit être envisagée séparément pour y reconnoître une loi particulière, l'étude de la nature, qui est le grand problème de la physique générale, exige la réunion de toutes les connoissances qui traitent des modifications de la matière.

J'ai pensé que si mon tableau pouvoit faire naître des rapprochemens inattendus dans l'esprit de ceux qui en étudieront les détails, il seroit susceptible en même temps de parler à l'imagination et de lui procurer une partie de ces jouissances que fait naître la contemplation d'une nature aussi majestueuse que bienfaisante. En effet, cette multitude de formes développées sur la pente d'une des Cordillières; cette variété de structure adaptée au climat de chaque hauteur et à sa pression barométrique ; cette couche de neige éternelle qui pose des bornes irrésistibles à l'étendue de la végétation, mais qui sous l'équateur même recule ses bornes de deux mille trois cents mètres (1200 toises) plus haut que dans nos climats ; ce feu volcanique qui s'ouvre un passage, tantôt dans des collines basses comme le Vésuve, tantôt à des élévations presque cinq fois plus grandes, comme dans le cône élancé du Cotopaxi ; ces coquilles pétrifiées, trouvées au sommet des hautes montagnes, et rappelant les grandes catastrophes de notre planète ; enfin, ces régions élevées de l'air vers lesquelles un courage intrépide et le zèle le plus noble pour les sciences ont guidé le physicien aéronaute [1] : tous ces objets sans doute sont capables d'occuper notre imagination, et de nous élever aux conceptions les plus sublimes. C'est ainsi qu'en parlant à l'esprit et à l'imagination à la fois, un tableau physique des régions équatoriales pourroit non-seulement intéresser ceux qui s'occupent des sciences physiques, mais encore exciter à cette étude des personnes qui ignorent combien de plaisirs sont attachés au développement de notre intelligence.

En énonçant ces idées, j'ai moins été occupé du tableau que je présente ici et dont je connois moi-même la grande imperfection, que de l'étendue dont je crois susceptible ce genre de travail. Le public, qui m'honore d'une si grande indulgence, ne me la refusera pas pour cet essai, qui a été rédigé au milieu d'un grand nombre d'occupations très-hétérogènes. Si les nouvelles entreprises auxquelles je me prépare m'en laissent le loisir, je me flatte de pouvoir donner à mon tableau, avec le temps, un plus haut degré de perfection : car il en est des cartes botaniques comme de celles que nous nommons exclusivement géographiques; on ne parvient à leur donner de l'exactitude qu'à mesure que s'augmente le nombre des bonnes observations.

J'ai dessiné ce tableau pour la première fois dans le port de Huayaquil, en Février 1803, revenant de Lima par la mer du Sud, et me préparant à la navigation d'Acapulco.

---

[1] M. Gay-Lussac.

J'envoyai une copie de cette première esquisse à Santa-Fé-de-Bogota, à M. Mutis, qui m'honore d'une bonté particulière. Personne n'étoit plus en état que lui de prononcer sur la justesse de mes observations, et de les étendre, au moyen de celles qu'il a faites lui-même pendant quarante années de courses dans le royaume de la Nouvelle-Grenade. Ce grand botaniste, qui, malgré son éloignement de l'Europe, a suivi les progrès de notre physique, M. Mutis, a observé les végétaux des tropiques à toutes les hauteurs. Il a herborisé dans les plaines de Carthagène, sur les bords de la rivière de la Madeleine, et sur les collines de Turbaco, ornées de *gustavia augusta*, d'*anacardium caracoli*, et de *nectandra sanguinea*. Il a vécu long-temps sur les plateaux élevés de Pamplona, de Mariquita, et sur celui d'Ibagué, dont le ciel toujours serein et le climat délicieux me rappelleront à jamais les souvenirs les plus agréables. Il a gravi les cimes neigées des Andes, ces régions glacées vers lesquelles végètent l'*escallonia myrtilloides*, le *wintera granatensis*, et le *befaria*, qui est constamment chargé de fleurs et qu'on pourroit nommer la rose des Alpes de ces contrées. M. Mutis, que les mesures barométriques qu'il a exécutées ont mis à même de juger de la hauteur des stations, a pu, mieux qu'aucun botaniste, rassembler des observations intéressantes sur la géographie des plantes. M. Haenke, qui a accompagné l'infortuné Malaspina dans ses navigations, doit avoir fait un grand nombre d'observations analogues aux miennes : ce botaniste infatigable vit depuis plus de dix ans dans la haute chaîne des Andes de Cochabamba, qui réunit les montagnes du Potoși à celles du Brésil. MM. Sessé et Mocinõ, qui ont porté à l'Europe les richesses végétales du Mexique, ne manqueront pas aussi d'avoir observé de leur côté la grande variété de plantes que nourrit le sol de la Nouvelle-Espagne, depuis les côtes d'Yucatan et de la Vera-Cruz jusqu'aux cimes neigées de Sitlaltepetl (Pic d'Orizava) et du Popocatepec. Mais mon séjour au Mexique et aux États-Unis, et quelques autres circonstances particulières, m'ont empêché de profiter des conseils de ces savans distingués, dont les lumières auroient pu m'être d'un grand secours.

Le dessin que j'avois fait à Huayaquil a été exécuté à Paris en grand par M. Schœnberger, dont le rare talent est connu en France et en Allemagne, et qui m'honore depuis beaucoup d'années d'une amitié particulière. Son peu de loisir ne lui ayant pas permis de donner à cette esquisse tout le détail d'exécution qu'il faut pour la gravure, M. Turpin a bien voulu se charger de faire le tableau que je présente aujourd'hui au public. Également distingué comme peintre et comme botaniste, il a exécuté cette géographie des plantes avec le goût qui caractérise tous ses ouvrages. Un dessin qui par sa nature est assujetti à des échelles, n'est pas susceptible d'une exécution très-pittoresque : tout ce qu'exige la précision géométrique est contraire à l'effet. La végétation ne devroit être vue qu'en une masse semblable à celle que présente une carte militaire. Cependant j'ai cru que pour les régions voisines de la mer on pourroit se permettre de représenter un bois de scitaminées et de palmiers élevant dans l'air leurs troncs élancés. L'œil distingue dans le tableau les limites de cette région : il voit les palmiers se perdre peu à peu parmi les autres arbres, et ceux-ci faire place aux plantes herbacées, auxquelles succèdent peu à peu les graminées et les cryptogames. Des personnes de goût auroient désiré peut-être qu'on n'eût point placé d'observations autour du dessin de la Cordillière, et qu'on les eût toutes reléguées près des échelles que présente la marge du tableau; mais dans un travail de ce genre il a fallu consulter deux intérêts opposés, l'effet et l'exactitude. C'est au public à juger si nous avons réussi en quelque manière à vaincre les difficultés qui se sont opposées à l'exécution de ce dessin.

Le tableau des régions équatoriales renferme les phénomènes physiques qu'offrent la surface du globe et l'atmosphère, depuis le 10.ᵉ degré de latitude boréale jusqu'au 10.ᵉ degré de latitude australe. Il auroit été peu exact d'étendre cette zone plus près des limites des tropiques, à cause de la grande différence que l'on observe, non-seulement dans les productions du sol, mais surtout dans les phénomènes météorologiques, entre les 10.ᵉ et 23.ᵉ degrés de latitude.[1]

D'après les mesures géodésiques que j'ai exécutées au Mexique, la limite des neiges perpétuelles ne descend encore, sous le 19.ᵉ degré de latitude boréale, que jusqu'à quatre mille

---

[1] Il sera utile d'observer que dans tout le cours de cet ouvrage, partout où le contraire n'est pas indiqué, on s'est servi du thermomètre centigrade et de la mesure linéaire du mètre, mais de l'ancienne division du temps et des degrés de latitude.

six cents mètres (2400 toises), c'est-à-dire deux cents mètres (100 toises) plus bas que sous l'équateur. Mais le voisinage des zones tempérées, les courans qui s'établissent dans l'atmosphère, la direction que prend le vent alizé selon l'hémisphère dans lequel il souffle, et d'autres causes qui tiennent à la configuration des continens, donnent aux régions situées sous les 20.e et 23.e degrés de latitude boréale un climat et à leur végétation un caractère auxquels on ne devroit pas s'attendre sous les tropiques. Les sapins de la Nouvelle-Espagne montent jusqu'à trois mille neuf cent trente-quatre mètres (2019 toises) de hauteur, et à mille mètres (500 toises) au-dessous de la neige perpétuelle on trouve encore des troncs d'un mètre d'épaisseur; tandis que sous les 5.e et 6.e degrés de latitude les arbres élevés cessent déjà à trois mille cinq cent huit mètres (1800 toises). A l'île de Cuba le thermomètre baisse quelquefois en hiver jusqu'à zéro, et souvent pendant plusieurs jours. Au niveau de l'Océan il ne se soutient qu'à sept degrés du thermomètre centigrade, tandis qu'à la Vera-Cruz et à S. Domingue, dans des latitudes un peu plus australes, on ne le voit pas au-dessous de dix-sept degrés. Dans le royaume de la Nouvelle-Espagne, on a vu tomber de la neige dans la capitale du Mexique, et dans la province de Michoacan même, à Valladolid, quoique le sol de ces villes ne soit élevé que de deux mille deux cent soixante quatre mètres (1163 toises), et de dix-huit cent soixante-dix mètres (959 toises), au-dessus du niveau de la mer. Depuis l'équateur jusqu'au 4.e degré de latitude, il ne neige qu'au-delà de quatre mille mètres (2000 toises) d'élévation.

D'après ces données sur la végétation et sur le climat des régions qui avoisinent la zone tempérée, il seroit imprudent de vouloir réunir dans un même tableau les phénomènes qui se présentent dans toute l'étendue des tropiques. Au-delà du 10.e degré de latitude boréale ou australe, le sol et l'atmosphère ne portent plus tout le caractère des régions équatoriales.

Ces régions sont représentées dans mon dessin par une coupe verticale qui, dirigée de l'est à l'ouest, passe par la haute Cordillière des Andes. On distingue d'un côté, à l'ouest, le niveau de la mer du Sud, qui dans ces parages mérite le nom d'Océan pacifique; car depuis le 12.e degré de latitude australe jusqu'au 5.e degré de latitude boréale, mais seulement dans ces limites, sa tranquillité n'est jamais troublée par des vents impétueux. Depuis cette côte occidentale jusqu'à la Cordillière se prolonge une plaine qui est très-étendue du nord au sud, mais qui n'a que vingt à trente lieues de large de l'ouest à l'est : c'est la vallée du Pérou, présentant, au nord de 4° 50′ de latitude australe, une végétation aussi riche que majestueuse, mais aride et dénuée de plantes au sud de ce parallèle. Le sol, couvert de sables granitiques, de coquilles et de sel gemme, porte toutes les traces d'un pays qui a été long-temps inondé par les eaux de l'Océan. Dans cette vallée, depuis les collines d'Amotape jusqu'à Coquimbo, les habitans ignorent l'existence de la pluie et du tonnerre, tandis qu'il pleut abondamment au nord de ces collines, et que les orages y sont aussi furieux que fréquens. J'ai fait passer la coupe de la

Cordillière des Andes par la cime la plus élevée, située à 1° 27′ de latitude australe, et 0° 19′ à l'ouest de la ville de Quito : c'est le sommet du Chimborazo, que les académiciens françois n'ont mesuré qu'approximativement. M. de la Condamine, dont le voyage renferme les vues les plus belles sur la géologie et la physique générale, dit que le Chimborazo a environ six mille deux cent soixante-quatorze mètres (3220 toises); le géomètre espagnol Don Jorge Juan le trouva de six mille cinq cent quatre-vingt-six mètres (3380 toises) : différence considérable puisqu'elle va à trois cent douze mètres (160 toises). D'après la belle carte des côtes du Pérou, publiée par le *Deposito hydrografico* de Madrid, l'expédition de Malaspina a jugé le Chimborazo de sept mille quatre cent quatre-vingt-seize vares (6352 mètres ou 3258 toises) de hauteur. Une mesure géodésique que j'ai exécutée près de la nouvelle ville de Riobamba, dans la grande plaine volcanisée de Tapia, donne au Chimborazo, en supposant la réfraction d'un quatorzième de l'arc, trois mille six cent quarante mètres (1868 toises) au-dessus de la plaine de Tapia ; or M. Gouilly a trouvé, en calculant mes observations barométriques d'après la formule de M. Laplace, que cette plaine est élevée de deux mille huit cent quatre-vingt-seize mètres (1485 toises) au-dessus du niveau de la mer : la hauteur totale du Chimborazo seroit par conséquent de six mille cinq cent trente-six mètres (3354 toises). En employant la nouvelle formule de réfraction que M. Laplace a bien voulu me communiquer et qu'il va publier incessamment, le résultat de ma mesure géodésique se change en trois mille six cent quarante-huit mètres (1872 toises), et la hauteur totale du Chimborazo est de six mille cinq cent quarante-quatre mètres (3358 toises). Ce nombre se rapproche plus de l'évaluation de Don Jorge Juan que de celle de M. de la Condamine; mais il ne faut pas oublier que ce dernier géomètre, employant peut-être la formule[1] barométrique de Bouguer, et ne faisant pas de correction de température, a dû nécessairement trouver une hauteur plus petite de cent quatre-vingts mètres (92 toises) que la mienne, dans le calcul de laquelle ces corrections ont été employées. Aussi la différence des suppositions relativement à la hauteur du baromètre au niveau de la mer nous écarte davantage dans la mesure de l'élévation absolue. Les mesures exécutées dans la Cordillière des Andes ne peuvent être qu'à demi géométriques et à demi barométriques, et cette complication rend peu comparables deux opérations calculées d'après des méthodes très-différentes. La longueur de ma base de dix-sept cent deux mètres (873 toises), les précautions qu'on a prises pour la niveler, et la nature de mes angles, semblent devoir inspirer quelque confiance dans le résultat de ma

---

[1] Les grandes différences que l'on trouve entre les hauteurs que les académiciens françois et espagnols assignent aux mêmes montagnes, différences plus grandes que celles qui résulteroient de l'incertitude de la hauteur absolue du signal de Caraburu, font croire que l'évaluation de la hauteur du Chimborazo a été modifiée par les différentes hypothèses du calcul barométrique. Si, au contraire, comme un passage de la Figure de la terre par Bouguer l'annonce, la hauteur absolue de toutes les cimes dépend de la mesure géodésique de la pyramide d'Ilinissa, faite depuis Niguas, alors il faut encore moins s'étonner de ces différences. Je discuterai dans un autre endroit les sources d'erreurs que présente cette opération compliquée.

mesure. Le sommet du Chimborazo est un grand segment de cercle, un dôme qui a quelque ressemblance avec l'aspect du Mont-Blanc. Il a été impossible de bien rendre cette forme sur la planche qui est jointe à cet ouvrage; mais je prépare une vue pittoresque de cette montagne colossale, dont j'ai mesuré les contours avec le sextant, et je la publierai un jour.

Derrière le Chimborazo s'élève, dans le tableau, un cône élevé de cinq mille sept cent cinquante-deux mètres (2952 toises); c'est la cime du Cotopaxi, dont le volcan forme, avec ceux du Tungurahua et du Sangay, les plus actifs de la province de Quito. Il est presque cinq fois plus élevé que le Vésuve, qui n'a que onze cent quatre-vingt-dix-sept mètres (615 toises): mais il n'est pas le volcan le plus élevé du globe; il cède en hauteur à l'Antisana, dans lequel, à cinq mille huit cent trente-deux mètres (2993 toises), on découvre plusieurs petites bouches, dont j'ai vu fumer l'une en 1802. Dans la nature, le Cotopaxi n'est pas si rapproché du Chimborazo qu'il le paroît dans mon dessin. Si l'on avoit voulu y conserver les vraies distances horizontales; si, comme dans l'Atlas géologique que je publierai sous peu, on devoit y représenter les inégalités du sol dans une région donnée, il auroit fallu figurer, au lieu du Cotopaxi, le volcan de Cargueirazo, montagne qui s'est affaissée par un écroulement, le 19 Juillet 1698, et qui est adossée au Chimborazo. Mais outre le peu d'intérêt qu'inspire aujourd'hui le Cargueirazo, qui ne présente plus que les ruines de son ancienne grandeur, j'avois un motif bien puissant de préférer le Cotopaxi.

C'est le volcan dont j'entendis les mugissemens souterrains dans le port de Huayaquil, lorsque j'étois occupé à faire la première esquisse de ce tableau. La bouche du Cotopaxi[1] se trouvoit à quarante-deux lieues marines de distance, et cependant ses explosions ressembloient aux décharges répétées d'une batterie. En 1744, le mugissement de ce volcan se fit entendre à Honda et à Monpox, villes situées dans un éloignement de deux cent vingt lieues. Si le Vésuve avoit la même intensité de force volcanique, on devroit entendre son bruit, d'après cet exemple, jusqu'à Dijon ou à Prague. L'élévation à laquelle est représentée la fumée du Cotopaxi n'est pas arbitraire ; elle est conforme aux mesures faites par M. de la Condamine, qui jugea que les flammes montèrent, en 1738, à plus de neuf cents mètres (461 toises) au-dessus du sommet de la montagne. C'est pendant ces explosions que ce volcan, comme d'autres du royaume de Quito, vomit d'immenses quantités d'eaux douces hydro-sulfureuses, de l'argile carburée mêlée de soufre, et des poissons à peine défigurés par la chaleur et qui forment une nouvelle espèce[2] du genre *Pimelodus*.

Il est presque superflu d'ajouter que la projection de la Cordillière est assujettie à une échelle seulement pour sa hauteur ; mais que cette même échelle ne peut point servir

---

[1] Le cratère du Cotopaxi a près de neuf cent trente mètres (478 toises); celui du Rucupichincha, près de quatorze cent soixante-trois mètres (751 toises) de diamètre : tandis que le cratère du Vésuve n'a que six cent six mètres (312 toises).

[2] Le *pimelodus cyclopum*, que j'ai décrit dans un mémoire particulier. Voyez le premier cahier de mes *Observations de zoologie et d'anatomie comparée*.

aux distances. Les montagnes les plus élevées sont encore si basses en les comparant aux mesures de distances, que le Chimborazo, par exemple, n'auroit que quatre millimètres (2 lignes) de haut sur un dessin in-folio qui devroit représenter un terrain de deux cents lieues de long; une hauteur égale à celle du Vésuve y deviendroit même entièrement invisible. D'un autre côté, pour représenter d'après l'échelle que j'ai adoptée pour les hauteurs, je ne dis pas tout le profil de l'Amérique méridionale, mais seulement celui de la petite vallée contenue entre la mer du Sud et la pente orientale des Andes, il faudroit une feuille qui fût quarante fois plus longue que le format de cet ouvrage; par conséquent, en représentant en profil une grande partie du globe, les échelles de hauteur et de distance ne peuvent pas être identiques : circonstance qui empêche de bien rendre la configuration du terrain, parce qu'elle fait paroître toutes les pentes infiniment plus rapides qu'elles ne le sont dans la nature. J'aurai bientôt occasion de discuter les avantages et les désavantages de ces projections, soit dans mon Essai sur la Pasigraphie minéralogique, soit dans l'Atlas géologique que je compte publier aussitôt que mes observations astronomiques et mes mesures géométriques seront suffisamment vérifiées.

La pente orientale des Andes est représentée dans le tableau un peu plus douce que la pente occidentale : c'est ainsi que la nature a construit cette partie de la Cordillière par laquelle la coupe a été faite. Je suis d'ailleurs très-éloigné de croire que cette conformation soit aussi générale que Buffon et d'autres physiciens célèbres l'ont cru. Lorsqu'on considère combien peu est connue la pente orientale des Andes, et combien il est facile de confondre les chaînes latérales avec la haute crête qui sépare les immenses plaines du Beni, du Puruz et de l'Ucayale, de la vallée étroite du Pérou, il faut s'abstenir de toute conclusion générale sur la déclivité plus ou moins rapide des deux pentes. En passant la Cordillière des Andes par le Paramo de Guamani, où l'inca avoit un palais à trois mille trois cents mètres (1704 toises) de hauteur, et où j'ai dessiné des constructions qui se rapprochent des cyclopéennes ; en descendant vers la rivière des Amazones, et en montant de la province de Jaen de Bracamorros à Micuipampa, j'ai reconnu que sous les 3.e et 6.e degrés de latitude australe la pente orientale est beaucoup moins douce que celle qui est opposée à la mer du Sud. M. Haenke a fait la même observation dans la province de Cochabamba et dans les montagnes fertiles de Chiquitos. Près de Santa-Fé-de-Bogota la descente orientale de la Cordillière est si rapide qu'aucun Indien n'a pu parvenir aux plaines de Casanare par le Paramo de Chingasa.

La crevasse que j'ai figurée sur la pente orientale de la Cordillière, rappelle à l'imagination de l'observateur une de ces vallées étroites que des tremblemens de terre paroissent avoir ouvertes dans les Andes. Quelques-unes d'elles sont si profondes que le Vésuve, le Schneekoppe de la Silésie, et le Puy-de-Dôme de l'Auvergne, pourroient y être placés sans que leur cime égalât la crête des montagnes qui bordent la vallée de plus près. Celle de Chota, dans le royaume de Quito, a quinze cent soixante-six mètres (804 toises); celle du Rio-Cutacu, au Pérou, a plus de treize cent soixante-quatre mètres (700 toises) de profondeur perpendiculaire : et cependant leur fond reste encore élevé d'une égale quantité de mètres au-dessus du niveau de la mer. Leur largeur n'est souvent pas de douze cents mètres (500 toises), et elles retracent au géologue l'image d'immenses filons que la nature n'a pas remplis de substances métalliques. Aux Pyrénées aussi la crevasse d'Ordesa, près du Mont Perdu, a, selon M. Ramond, huit cent quatre-vingt-seize mètres (459 toises) de profondeur moyenne.

A l'extrémité la plus orientale du profil se voient les côtes de l'océan Atlantique, les plaines du Para et du Brésil. Pour indiquer combien cette partie du dessin devroit être plus longue que le reste, on y a interrompu cette plaine immense dans laquelle coulent la rivière des Amazones et le Rio-Negro.

J'ai rendu compte jusqu'ici des phénomènes géologiques que j'ai tenté de représenter dans les contours de ce profil. Jetons les yeux sur son intérieur. C'est la géographie de la végétation équinoxiale qui y est développée dans le plus grand détail que permettent les limites d'une seule planche. Nous avons rapporté, M. Bonpland et moi, des herbiers de plus de six mille espèces de plantes des tropiques, que nous avons recueillies nous-mêmes pendant le cours de nos herborisations. Ayant été occupés en même temps d'observations astronomiques et de mesures géodésiques et barométriques, nos manuscrits contiennent des matériaux pour déterminer exactement la position et les hauteurs des végétaux. Nous y trouvons l'étendue de la zone que chacun d'eux occupe en latitude, le maximum et le minimum de leur élévation, la nature de la roche sur laquelle ils croissent, et la température dont ils jouissent dans leur lieu natal.

D'après nos observations, j'ai placé sur le tableau, le compas à la main, le nom des plantes que la nature fait naître entre deux limites déterminées. Chaque nom a été écrit d'après l'échelle en mètres qui se trouve à côté du dessin. Pour indiquer que la plante occupe une certaine étendue sur la pente de la Cordillière, le nom a souvent été écrit obliquement. On s'est contenté de marquer le nom générique lorsque toutes les espèces connues du même genre croissent à peu près à la même hauteur. C'est ainsi que l'*escallonia*, le *wintera*, le *befaria* et le *brathys*, ne se trouvent sous l'équateur qu'à de très-grandes élévations; tandis que l'*avicennia*, le *coccoloba*, le *cæsalpinia* et le *bombax*, ne viennent que dans des endroits voisins du niveau de la mer. Le cadre étroit dans lequel j'ai resserré ces résultats, ne m'a permis de nommer qu'un petit nombre d'espèces : si le public honore cet essai de quelque intérêt, j'étendrai ce travail dans des cartes spéciales pour lesquelles tous les matériaux sont déjà préparés. Mais comment indiquer, dans le tableau général, cent cinquante espèces de *melastoma*, cinquante-huit *psychotria*, trente-huit passiflores, et plus de quatre cents graminées, que nous rapportons des régions équatoriales, et dont la plupart cependant ne végètent qu'à de certaines hauteurs que la nature leur a désignées? Souvent je me suis vu dans la nécessité de répéter plusieurs fois le nom du même genre, pour indiquer que quelques espèces viennent à cinq cents (256 toises) et d'autres à trois mille mètres (1539 toises) d'élévation. Revenu depuis peu de mois en Europe, je n'ai pas osé ajouter à ce tableau le grand nombre de genres nouveaux que nous allons publier, mais sur les noms desquels nous sommes encore incertains : j'y ai désigné seulement quelques végétaux curieux que l'on grave dans ce moment, et qui paroîtront sous peu dans le premier et le second fascicules de nos Plantes équinoxiales, tels que le *cusparia febrifuga* (l'arbre précieux qui donne le *cortex angosturæ*, genre nouveau, à feuilles ternées et alternes), le *matisia cordata*, et le palmier à cire (*ceroxylon andicola*), que M. Bonpland a décrit dans un mémoire particulier.

Pour réunir les idées que l'on doit avoir de la station des végétaux sous un point de vue plus général et plus digne de la physique, j'ai divisé cette carte botanique en régions, selon l'analogie des formes que présentent les différentes élévations. On a gravé le nom de ces régions en caractères plus grands, comme on désigne les provinces sur les cartes ordinaires. C'est ainsi qu'en s'élevant de l'intérieur du globe ou de la profondeur des mines aux cimes glacées des Andes, l'œil découvre d'abord la *région des plantes souterraines*. Ce sont des cryptogames d'une structure souvent bizarre, que Scopoli a fait connoître le premier, et sur lesquelles j'ai publié un ouvrage particulier (*Floræ fribergensis Prodromus, plantas cryptogamicas, præsertim subterraneas, recensens,*

1790). Elles sont spécifiquement différentes des cryptogames que l'on trouve à la surface du globe, et elles paroissent, comme un grand nombre de celles-ci, indépendantes de la latitude et du climat. Végétant dans une obscurité profonde et perpétuelle, elles tapissent les parois des grottes souterraines et la charpente qui soutient les travaux des mineurs. J'ai reconnu les mêmes espèces (*boletus ceratophora, lichen verticillatus, boletus botrytes, gymnodermea sinuata, byssus speciosa*) dans les mines de l'Allemagne, de l'Angleterre et de l'Italie, comme dans celles de la Nouvelle-Grenade et du Mexique, et, dans l'hémisphère austral, dans celles de Hualgayoc au Pérou.

Au niveau de ces cryptogames souterraines végètent, au fond de l'Océan et dans une obscurité non moins intense, des *fucus* et quelques espèces d'*ulva*, que l'on retire avec la sonde, et dont la couleur verte présente à la physique un problème intéressant à résoudre.

Abandonnant cette multitude de végétaux souterrains, nous nous trouvons transplantés dans une région où la nature s'est plu à réunir les formes les plus majestueuses, et à les grouper de la manière la plus agréable à la vue: c'est la région des palmiers et des scitaminées, qui du niveau de l'Océan s'étend jusqu'à mille mètres (513 toises); c'est la patrie des *musa*, des *heliconia*, des *alpinia*, des liliacées les plus odoriférantes et des palmiers. C'est dans ce climat brûlant que végètent le *theophrasta*, le *plumeria*, le *mussænda*, le *cæsalpinia*, le *cecropia peltata*, l'*hymenæa*, le baume de Tolu, et le cusparé ou quinquina de Carony.

Sur les côtes arides de la mer, à l'ombre des cocotiers, du *laurus persea* et du *mimosa inga*, se trouvent l'*allionia*, le *conocarpus*, le *rhizophora mangle*, les *convolvulus littoralis* et *brasiliensis*, le *talinum*, l'*avicennia*, le *cactus pereskia*, et le *sesuvium portulacastrum*.

Quelques végétaux de cette région offrent des singularités frappantes, et forment des exceptions remarquables aux lois de la végétation générale. Les palmiers de l'Amérique méridionale, comme ceux de l'ancien continent, ne peuvent supporter le froid des hautes montagnes; ils cessent vers mille mètres (513 toises) d'élévation. Un seul palmier des Andes présente le phénomène extraordinaire de ne végéter qu'à une hauteur égale à celle du Mont-Cenis, et de se trouver encore à des hauteurs égales à celle du Canigou. Le *ceroxylon andicola*, le seul palmier des Alpes que l'on connoisse jusqu'à ce jour, croît dans les Andes de Quindiu et de Tolima, sous 4° 25′ de latitude boréale, depuis dix-huit cent soixante jusqu'à deux mille huit cent soixante-dix mètres (954 à 1472 toises) de hauteur. Son tronc, couvert d'une cire dont M. Vauquelin vient de faire l'analyse, a jusqu'à cinquante-quatre mètres de long.

Dans l'histoire de l'expédition de l'amiral Cordoba, on annonce avoir trouvé un palmier dans des ravins au détroit de Magellan, par conséquent sous le 53.ᵉ degré de latitude australe. Cette notice est d'autant plus frappante qu'il est impossible de confondre un palmier avec un autre végétal, si ce n'est avec une fougère arborescente, dont l'existence au détroit ne seroit pas moins curieuse. En

Europe le *chamærops* et le dattier ne vont que jusqu'à 43° 40' de latitude.

Les scitaminées, et surtout les espèces d'*heliconia* déjà décrites, ne viennent aussi que jusqu'à huit cents mètres (410 toises) de hauteur. Près de la cime de la Silla de Caracas, nous avons trouvé, à deux mille cent cinquante mètres (1103 toises) au-dessus du niveau de la mer, une espèce de scitaminée de trois à quatre mètres (9 à 12 pieds) de haut, et en si grande abondance que nous avons eu beaucoup de peine à nous frayer un passage à travers : nous ne l'avons pas vue en fleur, mais d'après tout son port c'étoit une nouvelle espèce d'*heliconia*, qui résiste à la basse température de ces hauteurs. Le *sesuvium portulacastrum*, qui couvre les côtes de Cumana, végète abondamment dans la plaine de Pérote, à l'est de la ville de Mexico, à deux mille trois cent quarante mètres (1200 toises) d'élévation, dans un terrain imprégné de carbonate et de muriate de soude. Les plantes des marais salans me paroissent en général moins sensibles aux différences de température et de pression barométrique.

Au-dessus de la région des palmiers et des scitaminées se trouve celle des fougères arborescentes et celle des *cinchona*. Cette dernière a beaucoup plus d'étendue que celle des fougères en arbre, qui n'aiment que les climats tempérés, ou les hauteurs comprises entre quatre cents et seize cents mètres (205 et 820 toises). Les quinquinas, au contraire, s'élèvent jusqu'à deux mille neuf cents mètres (1487 toises) au-dessus du niveau de la mer. Les espèces de *cinchona* qui souffrent le moins du froid, sont le *cinchona lancifolia* et le *cinchona cordifolia* de M. Mutis : celles qui descendent le plus bas dans les plaines sont le *cinchona oblongifolia* et le *cinchona longiflora*. J'ai trouvé de beaux arbres du dernier, même à sept cent quarante mètres (379 toises) de hauteur. Le fameux quinquina de Loxa, qui croît dans les forêts de Caxanuma et d'Uritucinga, et qui est très-différent du quinquina orangé de Santa-Fé, végète depuis dix-neuf cents jusqu'à deux mille cinq cents mètres (975 à 1282 toises). C'est une espèce qui a quelque analogie avec le *cinchona glandulifera* de la Flore du Pérou, mais qui en diffère essentiellement. Elle n'a été découverte jusqu'à ce jour que près de Loxa, entre le Rio-Zamora et le Rio-Cachiyaco, dans la province de Jaen de Bracamorros, près du village de Sagique, et dans une petite partie du Pérou, près de Huancabamba. Elle y croît sur le schiste micacé; et pour faire oublier entièrement le nom inexact de *cinchona officinalis*, nous la désignerons sous le nom de *cinchona condaminea*, parce que c'est l'illustre astronome M. de la Condamine qui l'a dessinée le premier sur les lieux.

Quelques voyageurs ont annoncé avoir découvert du quinquina à des hauteurs de quatre mille six cents mètres (2360 toises), tout près de la limite inférieure de la neige perpétuelle; mais ils ont méconnu le *wintera*, et quelques espèces de *weinmannia*, dont les écorces contiennent du tannin en abondance et sont aussi employées avec succès comme fébrifuges. Nous n'avons vu aucun arbre du vrai genre

Cinchona au-dessus de deux mille neuf cents ni au-dessous de sept cents mètres (1487 et 359 toises) de hauteur; car le quinquina des Philippines décrit par Cavanilles, et celui qui a été récemment découvert à l'île de Cuba, dans la vallée des Guines, presque au niveau de la mer, paroissent appartenir à un genre différent.

Le caoutchouc est fourni par des végétaux peu analogues entre eux, par des *ficus*, le *hevea*, un *lobelia*, le *castilloa*, et plusieurs euphorbes. Le camphre existe aussi dans des plantes qui n'appartiennent pas au même genre : en Asie on le retire d'un laurier; au Pérou, dans la province fertile de Cochabamba, on pourroit le retirer d'un arbuste didyname que M. Haenke a découvert en abondance près d'Ayopaya. Le fruit d'un *myrica* et le tronc d'un palmier donnent de la cire. Des produits dont les propriétés chimiques sont les mêmes, sont fournis par des végétaux d'une structure très-différente : il en est de même du principe fébrifuge du quinquina, qui existe dans des plantes qui n'appartiennent pas au même genre.

Le cusparé des plaines de Carony, près de la ville d'Upatu, cet arbre majestueux qui donne le *cortex angosturæ*, est d'un genre très-différent des *cinchona*. Le *cuspa* ou quina de Cumana, dont nous n'avons pas pu jusqu'à présent nous procurer la fleur, a des feuilles alternes sans stipules : il n'appartient pas au genre *Cinchona*, quoiqu'il soit difficile à un chimiste de distinguer l'infusion du *cuspa* de celle du quinquina jaune de Santa-Fé. Sur les côtes de la mer du Sud, à l'ouest de Popayan, près d'Atacamez, croît un arbre qui a des propriétés du *cinchona* et du *wintera*, et qui sans doute diffère aussi de ces deux genres. Le cusparé de la Guiane, le *cuspa* de la Nouvelle-Andalousie, et la *cascarilla* d'Atacamez, végètent tous trois au niveau de la mer, et la nature prépare dans leurs sucs un principe analogue à celui que les vrais quinquinas fournissent à deux mille huit cents mètres (1436 toises) de hauteur.

Je publierai, dans la relation de mon Voyage aux tropiques, une *carte botanique du genre Cinchona*. Elle indiquera les sites des deux hémisphères dans lesquels se trouve cet arbre intéressant. On verra qu'il se prolonge dans la Cordillière des Andes sur plus de sept cents lieues de long. On y suivra les *cinchona* depuis le Potosi et la Plata, situés sous le 20.ᵉ degré de latitude australe, jusqu'aux montagnes neigées de Sainte-Marthe, sous le 11.ᵉ degré de latitude boréale. Toute la pente orientale des Andes, au sud de Huanuco, près des mines de Tipuani, dans les environs d'Apollobamba et d'Yuracarées, est une forêt non interrompue de quinquinas. M. Haenke l'a suivie jusques près de Santa-Cruz-de-la-Sierra. Il paroît que cet arbre ne se porte pas plus loin à l'est; car on n'en a pas découvert jusqu'à ce jour dans les montagnes du Brésil, quoique la Cordillière de Chiquitos paroisse les lier avec les Andes du Pérou. Depuis la Paz les *cinchona* se prolongent, par les provinces de Gualias et Guamálies, à Huancabamba et Loxa. Ils descendent à l'est dans la province de Jaen de Bracamorros, et couronnent même les collines voisines de la rivière des Amazones, près du célèbre détroit de Manseriche. Depuis Loxa le quinquina s'étend, dans le royaume de Quito, jusqu'à Cuença et Alausi : il abonde à l'est du Chimborazo ; mais il paroît manquer entièrement dans tout le haut plateau de Riobamba et de Quito, comme aussi dans celui de la province de Pasto jusqu'à Almaguer. Les grandes catastrophes volcaniques auxquelles ce pays est fréquemment exposé, y ont-elles diminué le nombre des espèces? En général, nous avons observé que la végétation y est moins variée que dans d'autres régions également élevées au-dessus du niveau de l'Océan. Au nord d'Almaguer, que j'ai trouvé à 1° 51′ 57″ de latitude boréale, dans la province de Popayan, le quinquina reparoît de nouveau en abondance. Il suit presque sans interruption, par les Andes de Quindiu, la Vega-de-Supia, les collines fertiles de Mariquita, Guaduas et Pamplona, jusqu'aux montagnes de Merida et de Sainte-Marthe, où des sources bouillantes et hydro-sulfureuses mêlent leurs eaux à celles des neiges fondues.

La Silla-de-Caracas et quelques montagnes de la province de Cumana (le Tumiriquiri, les environs du couvent de Caripé et le col de Guanaguana) sont élevées de treize cents à deux mille cinq cents mètres (667 à 1282 toises), et par conséquent elles jouissent d'une fraîcheur assez grande pour que les *cinchona* puissent y végéter. Il en est de même dans le royaume de la Nouvelle-Espagne, dont le haut plateau a un climat entièrement semblable à celui du Pérou. Cependant, ni dans la province de Cumana, ni au Mexique, on n'a découvert jusqu'à présent de *cinchona*. La cause de ce phénomène dépendroit-elle du peu de montagnes qui avoisinent les hautes cimes de Sainte-Marthe et celles de Guamoco? La crête de la Cordillière des Andes disparoît presque entièrement entre le golfe de Cupique et les bouches du Rio-Atracto. L'isthme de Panama est plus bas que la limite inférieure des *cinchona*. Cette plante, dans sa migration vers le Nord, a-t-elle trouvé des obstacles dans le climat trop brûlant de ces contrées? ou ne découvrira-t-on pas avec le temps du quinquina dans les belles forêts de Xalapa, à l'est de la Vera-Cruz, où l'aspect du sol, les fougères arborescentes, les *melastoma* en arbres, le climat tempéré et l'humidité de l'air, paroissent à chaque pas annoncer au botaniste cet arbre bienfaisant et vainement cherché jusqu'à ce jour dans cette contrée?

Dans la région tempérée des *cinchona* croissent quelques liliacées, par exemple, le *cypura* et le *sisyrinchium*, les *melastoma* à grandes fleurs violettes, des passiflores en arbres, hautes comme nos chênes du Nord, le *bocconia frutescens*, le *thibaudia*, le *fuchsia*, et des *alstrœmeria* d'une rare beauté. C'est là que s'élèvent majestueusement les *macrocnemum*, les *lysianthus*, et les cucullaires. Le sol y est couvert de *kœhlreutera*, de *weissia*, de *dicranum*, de *tetraphis* et d'autres mousses toujours vertes. Les ravins cachent le *gunnera*, le *dorstenia*, des *oxalis*, et une multitude d'*arum* inconnus. Vers les dix-sept cents mètres (872 toises) d'élévation se trouvent le *porlieria hygrometrica*, dont nous devons la connoissance à MM. Ruiz et Pavon, les *citrosma* à feuilles et fruits odoriférans, les *eroteum*, les *hypericum baccatum* et *cayenense*, et de nombreuses espèces de *sym-*

plocos. Au-delà des deux mille deux cents mètres (1129 toises), nous n'avons plus trouvé de mimoses dont les feuilles irritables se ferment au contact : le frais de ces hautes régions assigne cette limite à leur irritabilité. Depuis les deux mille six cents mètres (1334 toises), et surtout à la hauteur de trois mille mètres (1539 toises), les *acæna*, le *dichondra*, le *nierembergia*, les *hydrocotile*, le *nerteria* et l'*alchemilla*, forment un gazon épais. C'est la région des *weinmannia*, des chênes, du *vallea stipularis*, et des *spermacoce*. Le *mutisia* y grimpe sur les arbres les plus élevés.

Les chênes (*quercus granatensis*) ne commencent dans les régions équatoriales qu'au-dessus de dix-sept cents mètres (872 toises) d'élévation. Au Mexique, sous les 17.e et 22.e degrés de latitude, je les ai vus descendre jusqu'à huit cents mètres (410 toises). Ce sont eux qui quelquefois présentent sous l'équateur le tableau du réveil de la nature au printemps : ils perdent toutes leurs feuilles, et on les voit alors en pousser d'autres, dont la jeune verdure se mêle à celle des *epidendrum* qui croissent sur leurs branches.

Le *cheirosthemon*, nouveau genre des malvacées, dont M. Cervantes, professeur de botanique au Mexique, a publié une monographie intéressante, se trouve aussi dans ces régions élevées ; mais cet arbre, dont la fleur a une configuration si bizarre, n'a pas été découvert jusqu'ici dans les Andes du Pérou. On n'en a connu pendant long-temps qu'un seul individu, dans les faubourgs de la ville de Toluca, au Mexique. Il paroît sauvage dans le royaume de Guatimala, et le fameux arbre à main de Toluca a vraisemblablement été planté par quelques Rointztèques. Les jardins d'Iztapalapan, dont Hernandez a encore vu les débris, attestent le goût que des peuples, que nous nommons sauvages et barbares, avoient pour la culture et pour les beautés du règne végétal.

Près de l'équateur les grands arbres, ceux dont le tronc excède vingt à trente mètres (10 à 15 toises), ne s'élèvent pas au-delà de deux mille sept cents mètres (1385 toises) de hauteur. Depuis le niveau de la ville de Quito, les arbres sont moins grands, et leur élévation n'est pas comparable à celle que les mêmes espèces atteignent dans les climats les plus tempérés. A trois mille cinq cents mètres (1796 toises) de hauteur cesse presque toute végétation en arbres ; mais à cette élévation les arbustes deviennent d'autant plus communs : c'est la région des berberis, des *duranta Ellisii* et *Mutisii*, et des *barnadesia*. Ces plantes caractérisent la végétation des plateaux de Pasto et de Quito, comme celle de Santa-Fé est caractérisée par les *polymnia* et les *datura* en arbres. Les *castilleja integrifolia* et *fissifolia*, le *columella*, le bel *embothryum emarginatum*, et le *clusia* à quatre anthères, sont communs dans cette région. Le sol y est couvert d'une multitude de calcéolaires, dont la corolle à couleur dorée contraste agréablement avec la verdure du gazon sur lequel elles s'élèvent. La nature leur a surtout assigné une zone : elle commence à un degré de latitude boréale. MM. Ruiz et Pavon, qui ont fait de savantes recherches au Chili, pourront indiquer jusqu'où les calcéolaires s'étendent dans l'hémisphère austral. Plus haut, sur le sommet de la Cordillière, depuis deux mille huit cents jusqu'à trois mille trois cents mètres (1436 à 1693 toises) d'élévation, se trouve la région des *wintera* et des *escallonia*. Le climat froid, mais constamment humide, de ces hauteurs que les indigènes nomment *paramos*, produit des arbrisseaux dont le tronc, court et carboné, se divise en une infinité de branches couvertes de feuilles coriaces et d'une verdure luisante. Quelques arbres de quinquina orangé, des *embothrium*, et des *melastoma* à fleurs violettes presque pourprées, s'élèvent à ces hauteurs. L'*alstonia*, dont la feuille séchée est un thé salutaire, le *wintera granatensis* et l'*escallonia tubar*, qui étend ses branches en forme de parasol, y forment des groupes épars. A leur pied croissent de petites *lobelia*, des basselles, et le *swertia quadricornis*.

Encore plus haut, à trois mille cinq cents mètres (1796 toises), cessent les plantes arborescentes, ainsi que je l'ai dit précédemment. Seulement au volcan de Pichincha, dans une vallée étroite qui descend de Guagua-Pichincha, nous avons découvert un groupe de singenèses en arbre, dont les troncs s'élèvent à sept ou huit mètres (21 ou 24 pieds). Depuis deux mille jusqu'à quatre mille cent mètres (1026 à 2103 toises) s'étend la région des plantes alpines : c'est celle des *stæhelina*, des gentianes, et de l'*espeletia frailexon*, dont les feuilles velues servent souvent d'abri aux malheureux Indiens que la nuit surprend dans ces régions. La pelouse y est ornée du *lobelia nana*, du *sida pichinchensis*, du *ranonculus Gusmani*, du *ribes frigidum*, du *gentiana quitensis*, et de beaucoup d'autres espèces nouvelles que nous décrirons dans nos Plantes équinoxiales. Les *molina* sont les sous-arbrisseaux que nous avons rencontrés le plus haut au volcan de Purasé, près de Popayan, et à celui d'Antisana.

A la hauteur de quatre mille cent mètres (2103 toises), les plantes alpines font place aux graminées[1], dont la région s'étend jusqu'à quatre mille six cents mètres (2360 toises). Les *jarava*, les *stipa*, une multitude de nouvelles espèces de *panicum*, d'*agrostis*, d'*avena* et de *dactylis*, y couvrent le sol. Il présente de loin un tapis doré, que les habitans du pays nomment *pajonal*. La neige tombe de temps en temps sur cette région des graminées.

A quatre mille six cents mètres (2360 toises), plus de phanérogames sous l'équateur. Depuis cette limite jusqu'à la neige perpétuelle, les plantes licheneuses seules couvrent les rochers. Quelques-unes paroissent même se cacher sous les glaces éternelles; car à cinq mille cinq cent cinquante-quatre mètres (2850 toises) de hauteur, vers le sommet du Chimborazo, j'ai trouvé sur une arête de rocher l'*umbilicaria pustulata* et le *verrucaria geographica*: ce sont les derniers êtres organisés que nous ayons vus fixés au sol à ces grandes hauteurs.

Voilà les phénomènes principaux de la végétation que présente le tableau physique des régions équatoriales; il seroit à désirer qu'on en eût un semblable pour l'Europe. Que de données ne contiennent pas les ouvrages classiques

---

[1] La Condamine, Voyage à l'Équateur, pag. 48.

de MM. Pallas, Jacquin, Wulfen, Lapeyrouse, Schranck, Villars, Host, et d'un grand nombre de naturalistes voyageurs. Les botanistes célèbres qui ont parcouru les Alpes de Salzbourg, du Tyrol et de la Styrie, ceux qui ont visité les hautes cimes de la Suisse et de la Savoie, en formeroient des cartes botaniques bien plus complètes que l'essai que j'offre aujourd'hui au public. Qui posséderoit plus de matériaux précieux pour ce travail que celui [1] qui, sur le sommet glacé des Pyrénées, a découvert cet immense dépôt de débris organiques, qui, également savant en géologie et en botanique, réunit à l'art de bien observer le talent heureux de parler à l'imagination ?

J'ai développé plus haut les causes pour lesquelles les phénomènes de la géographie des plantes ne peuvent pas être si variés ni si constans sous le 45.ᵉ degré de latitude qu'ils le sont sous l'équateur. Malgré ce désavantage, le Tableau physique des climats tempérés ne laisseroit pas d'être très-intéressant. Au centre, on verroit le Mont-Blanc, dans la haute chaîne des montagnes d'Europe, s'élever à quatre mille sept cent soixante-quinze mètres (2448 toises). Les pentes de cette chaîne se prolongeroient d'un côté vers l'océan Atlantique, et de l'autre vers le bassin de la Méditerranée, où les *chamærops*, les dattiers et plusieurs plantes du mont Atlas annoncent la proximité de l'Afrique. La neige perpétuelle descendroit dans ce tableau à deux mille cinq cent cinquante mètres (1307 toises)

---

[1] L'auteur des Observations faites dans les Pyrénées, et des Voyages au Mont-Perdu, M. Ramond.

d'élévation au-dessus de la mer, c'est-à-dire, à une hauteur à laquelle végètent sous l'équateur les palmiers à cire, les quinquinas et les arbres les plus vigoureux. C'est ainsi que la zone contenue entre le niveau de l'Océan et les neiges perpétuelles, est en Europe presque de moitié plus étroite que sous les tropiques ; mais la calotte de neige qui couvre les sommets les plus élevés de l'Europe, le Mont-Blanc et le Mont-Rose, est de six cents mètres (308 toises) plus large que celle qui couvre le Chimborazo. Sur les rocs escarpés qui s'élèvent au-dessus de la neige perpétuelle, et qui restent nus à cause de la rapidité de leur pente, végètent, dans les Alpes qui entourent le Mont-Blanc, à plus de trois mille cent mètres (1590 toises) d'élévation, l'*androsace chamæjasma*, Jacq.; le *silene acaulis*, qui descend jusqu'à quinze cents mètres (769 toises), et que Saussure a trouvé à trois mille quatre cent soixante-huit mètres (1778 toises); le *saxifraga androsacea*, le *cardamine alpina*, l'*arabis cærulea*, Jacq., et le *draba hirta* de Villars, qui est le *draba stellata*, Wild. C'est à ces grandes hauteurs que s'élèvent aussi, depuis la plaine, le *myosotis perennis*, et l'*androsace carnea*, ayant graduellement la tige plus petite. La dernière finit par être uniflore, et se trouve depuis mille jusqu'à trois mille cent mètres (513 à 1590 toises). Dans les Pyrénées, les régions les plus élevées, depuis deux mille quatre cents jusqu'à trois mille quatre cents mètres (1231 à 1744 toises), sont ornées de *cerastium lanatum*, Lam., de *saxifraga grœnlandica*, *saxifraga androsacea*, *aretia alpina* et d'*artemisia rupestris*. Le *cerastium lanatum* ne descend pas même au-dessous de deux mille six cents mètres (1333 toises). Aux Alpes végètent, depuis deux mille cinq cents jusqu'à trois mille cent mètres (1282 à 1590 toises), sur les débris des rochers et les graviers qui entourent les neiges éternelles, et sur les glaciers les plus élevés, le *saxifraga biflora*, Allion., le *saxifraga oppositifolia*, l'*achillea nana*, l'*achillea atrata*, l'*artemisia glacialis*, le *gentiana nivalis*, le *ranunculus alpestris*, le *ranunculus glacialis*, et le *juncus trifidus*. Dans la haute chaîne des Pyrénées se trouvent, à trois mille mètres (1539 toises) de hauteur, et même à quinze cents mètres (769 toises) plus bas, le *potentilla lupinoides*, Wild., le *silene acaulis*, le *sibbaldia procumbens*, les *carex curvula* et *carex nigra*, Allion., le *sempervivum montanum* et le *sempervivum arachnoideum*, l'*arnica scorpioides*, l'*androsace villosa* et l'*androsace carnea*. Aux Alpes, entre deux mille trois cents et deux mille cinq cents mètres (1180 et 1282 toises), hauteur où aboutit le bord des neiges et des glaciers, non sur des pierres, mais sur un sol fertile, dans des prairies humectées par de l'eau de neige fortement oxigénée, aux Alpes croissent, sur un gazon d'*agrostis alpina*, les *saxifraga aspera* et *bryoides*, le *soldanella alpina*, le *viola biflora*, le *primula farinosa*, le *primula viscosa*, l'*alchemilla pentaphyllea*, le *salix herbacea* qui s'élève plus haut que toute autre plante ligneuse, le *salix reticulata* et le *salix retusa*. Le *tussilago farfara* et le *statice armeria* montent aussi depuis les plaines jusqu'à deux mille six cents mètres (1333 toises) de hauteur. Aux Pyrénées se trouvent, à ces élévations, le *scutellaria alpina*, le *senecio persicifolius*, le *ranunculus alpestris*, le *ranunculus parnassifolius*, le *galium pyrenaicum*, et l'*aretia vitaliana*. Au-dessus de la limite inférieure des neiges perpétuelles, entre quinze cents et deux mille cinq mètres (769 et 1028 toises) de hauteur, végètent aux Alpes de la Savoie l'*eriophorum Scheuchzeri*, l'*eriophorum alpinum*, le *gentiana purpurea*, le *gentiana grandiflora*, le *saxifraga stellaris*, l'*azalea procumbens*, le *tussilago alpina*. Dans les Pyrénées viennent, à égale hauteur, le *passerina geminiflora*, le *passerina nivalis*, le *merendera bulbocodium*, le *crocus multifidus*, le *fritillaria meleagris* et l'*anthemis montana*. Plus bas se trouvent le *genista lusitanica*, le *ranunculus gouani*, le *narcissus bicolor*, le *rubus saxatilis*, et nombre de gentianes. Le *rhododendrum ferrugineum* préfère généralement les hauteurs de quinze cents à deux mille cinq cents mètres (769 à 1282 toises); cependant M. Decandolle, à qui je dois ces observations sur les Alpes, l'a aussi observé dans la chaîne du Jura, au fond du Creux-du-vent, à neuf cent soixante-dix mètres (498 toises) de hauteur sur le niveau de l'Océan.

Le *linnæa borealis*, qui, près de Berlin, en Suède, aux États-Unis et à Nootka-Sund, se trouve au niveau de la mer, croît dans les Alpes de la Suisse à cinq cents et sept cents mètres (256 et 359 toises) d'élévation. On le découvre au Valais, au bord du torrent qui coule sous la Tête-noire; au S. Gothard, où Haller l'a observé le premier; près de Genève, d'après Saussure, sur la montagne de Voirons; et même en France, aux environs de Montpellier, à l'Espinouse.

Les arbres dont le tronc excède cinq mètres (2,5 toises) croissent sous l'équateur à peine jusqu'à trois mille cinq cents mètres (1796 toises) d'élévation. Au royaume de la Nouvelle-Espagne, sous le 20.e degré de latitude, un sapin voisin du *pinus strobus* s'élève jusqu'à trois mille neuf cent trente-quatre mètres (2018 toises); les chênes y vont jusqu'à trois mille cent mètres (1590 toises). Le naturaliste qui ignore ce phénomène de la géographie des plantes, croiroit, au simple aspect, que des montagnes couvertes de sapins très-élevés ne peuvent pas égaler la hauteur du Pic de Ténériffe. Aux Pyrénées, M. Ramond a observé que les deux arbres qui montent le plus haut vers le sommet des montagnes, sont le *pinus sylvestris* et le *pinus mugho*; on les trouve entre deux mille et deux mille quatre cents mètres (1026 et 1231 toises). L'*abies taxifolia* et le *taxus communis* commencent à quatorze cents mètres (718 toises), et vont jusqu'à deux mille mètres (1026 toises). Le *fagus sylvatica* occupe la région moyenne, de six cents à dix-huit cents mètres (308 à 923 toises): mais le *quercus robur*, qui habite les plaines, ne s'étend que jusqu'à seize cents mètres (821 toises); il finit deux cents mètres (102 toises) plus haut que la limite inférieure du *pinus mugho*.

M. Ramond[1] m'a encore communiqué des observations très-intéressantes sur le maximum et le minimum de la hauteur à laquelle se trouvent les espèces d'un même genre. Je choisis

---

[1] Voyez aussi ses observations botaniques dans son Voyage au sommet du Mont-Perdu, 1803, pag. 21; et le Mémoire sur les plantes alpines, dans les Annales d'histoire naturelle.

les genres *Primula*, *Ranunculus*, *Daphne*, *Erica*, *Gentiana*, et *Saxifraga*, et je présente ici le tableau des hauteurs entre lesquelles chacune des espèces composant ces genres végète dans les Pyrénées.

		mètres	toises
Gentiana	pneumonanthe	0 à 800	0 à 400
	verna	600 — 3000	300 — 1540
	acaulis	1000 — 3000	500 — 1540
	campestris	1000 — 2400	500 — 1200
	ciliata	1200 — 1800	600 — 900
	lutea	1200 — 1600	600 — 800
	punctata, Villars	1600 — 2000	800 — 1000
Daphne	laureola	300 — 2000	150 — 1000
	mezereum	1000 — 2000	500 — 1000
	cneorum	2000 — 2400	1000 — 1200
Primula	elatior	0 — 2200	0 — 1100
	integrifolia	1500 — 2000	750 — 1000
	villosa	1800 — 2400	900 — 1200
Ranunculus	aquatilis	0 — 2100	0 — 1050
	gouani	500 — 2000	250 — 1000
	thora	1400 — 2000	700 — 1000
		1500 — 2400	750 — 1200
	alpestris	1800 — 2600	900 — 1300
	amplexicaulis	1800 — 2400	900 — 1200
	nivalis	2000 — 2800	1000 — 1400
	parnassifolius	2400 — 2800	1200 — 1400
	glacialis	2400 — 3200	1200 — 1640
Saxifraga	tridactylides	0 — 40	0 — 20
	geum	400 — 1600	200 — 800
	longifolia	800 — 2400	400 — 1200
	aizoon	800 — 2400	400 — 1200
	pyramidalis	1200 — 2000	600 — 1000
	exarata	1400 — 1800	700 — 900
	cespitosa	1600 — 3000	800 — 1540
	oppositifolia	1600 — 3400	800 — 1740
	umbrosa	1400 — 1800	700 — 900
	granulata	1200 — 1600	600 — 800
	grœnlandica	2400 — 3400	1200 — 1740
	androsacea	2400 — 3400	1200 — 1740

			mètres		toises.	
Erica	vagans	....	0 à	900	0 à	450
	vulgaris	....	0 —	2000	0 —	1000
	tetralix	....	500 —	2400	250 —	1200
	arborea	....	550 —	700	270 —	350

Les saxifrages du Tirol présentent des phénomènes analogues à celles des Pyrénées. M. le comte de Sternberg, qui a herborisé dans ces montagnes et sur le Baldo, dont nous lui devons une description géologique, m'a communiqué une note intéressante sur les *rhododendrum* et d'autres plantes alpines. Je crois rendre un service aux botanistes et aux physiciens d'insérer cette note en entier.

« La région des *rhododendrum*, dit M. de Sternberg, à
« moins qu'il n'y ait quelque circonstance locale, ne com-
« mence guères au-dessous de huit cent soixante-seize à
« neuf cent soixante-quatorze mètres (450 à 500 toises). Je
« ne les ai pas trouvés plus bas qu'à cent mètres (50 toises)
« au-dessus du Wallersée, en Bavière, qui est à la hauteur de
« huit cent dix-sept mètres (420 toises) au-dessus du niveau
« de la mer. Le *rhododendrum chamæcistus* ne descend pas
« autant que le *ferrugineum* et le *hirsutum*. Au reste, je
« les ai trouvés aussi bien sur la pierre calcaire primitive
« que sur la pierre calcaire secondaire, dans les *Sette com-*
« *muni* et sur le mont Sumano qui a douze cent soixante-
« dix-sept mètres (656 toises) de hauteur : ils m'ont accom-
« pagné jusqu'à la hauteur de dix-neuf cent cinquante
« mètres (1000 toises).

« La région des saxifrages alpines me paroît la plus éten-
« due dans les Alpes du Tirol. J'ai trouvé les *saxifraga*

« *cotyledon* et *aizoon* dans la vallée de l'Eiszach, entre
« Brixen et Botzen, à trois cent soixante mètres (184 toises)
« de hauteur. Elles m'ont suivi jusqu'au sommet de la
« Grappa, près de Bassano, à seize cent quatre-vingt-quatre
« mètres (865 toises). Les *saxifraga cæsia, aspera* et *andro-*
« *sacea,* se trouvent dans la région moyenne; puis l'on dé-
« couvre les *saxifraga autumnalis, mucosa, moschata* et
« *petræa* ; les dernières sont habituellement les *saxifraga*
« *burseriana* et *bryoides,* qui couvrent le sommet du Baldo
« à deux mille deux cent vingt-cinq mètres (1143 toises).
« Les primules, surtout les *farinosa, auricula, marginata,*
« et *viscosa,* ne se trouvent pas sur les Alpes du Tirol
« au-dessous de huit cent un mètres (417 toises). Par une
« singulière anomalie, cependant, la *primula farinacea* croît
« dans la plaine de Ratisbonne. Quant au *ranunculus gla-*
« *cialis* et au *ranunculus seguierii*, je ne les ai jamais
« observés au-dessous de dix-neuf cent cinquante mètres
« (1000 toises) d'élévation. »

Mais pour compléter la géographie des plantes, il ne faudroit pas seulement composer des tableaux pour les régions voisines du pole, pour les climats tempérés, depuis quarante jusqu'à cinquante degrés de latitude, et pour les régions équatoriales; il ne faudroit pas seulement en construire pour l'hémisphère austral et l'hémisphère boréal, car les plantes de Chiloé et de Buenos-Ayres diffèrent beaucoup de celles de l'Espagne et de la Grèce : il faudroit aussi donner séparément des tableaux pour le nouveau et l'ancien continent. Madagascar, dont, selon Commerson, les hautes cimes granitiques sont recouvertes de neiges perpétuelles et dont M. du Petit-Thouars a si bien examiné les côtes, le pic d'Adam à Ceilan, et l'île de Sumatra, où le cône de l'Ophyr s'élève, d'après Marsden, à trois mille neuf cent quarante-neuf mètres (2027 toises) de hauteur, pourroient fournir des matériaux précieux pour des tableaux des régions équatoriales en Afrique et aux Indes orientales. L'illustre Pallas pourroit fixer la géographie des plantes dans les climats tempérés de l'Asie. M. Barton, qui embrasse avec succès la zoologie, la botanique et l'étude des langues indiennes, s'occupe en ce moment de ces mêmes recherches pour les régions tempérées des États-Unis. Les montagnes ne s'y élèvent[1] pas au-delà de deux mille mètres (1026 toises); car la hauteur de trois mille cent mètres (1582 toises) attribuée par MM. Cutler et Belknap au White-Mountain en New-Hampshire, est sans doute exagérée. M. Barton ne trouve pas dans sa patrie la variété des phénomènes que présentent les plus élevées des Cordillières; mais ce désavantage est largement compensé par la grande variété des végétaux arborescens qu'offrent les belles plaines de la Pensylvanie, de la Caroline et de la Virginie. Il existe aux États-Unis presque trois fois autant d'espèces différentes de chênes que l'Europe entière produit de grands arbres différens. L'aspect de la végétation est plus varié et plus agréable dans le nouveau continent que sous la même latitude dans l'ancien. Les *gleditschia*, les tulipiers et les magnoles y font

---

[1] Voyez l'ouvrage de M. Volney, qui contient de grandes vues sur la construction du globe dans la partie boréale du nouveau continent.

le contraste le plus pittoresque avec la sombre verdure des *thuia* et des sapins : on diroit que la nature s'est plu à orner un sol qui devoit être un jour habité par un peuple énergique, industrieux et digne de jouir paisiblement de tous les biens que procure la liberté sociale.

Mais le tableau physique des régions équinoxiales n'est pas seulement destiné à développer les idées sur la géographie des plantes ; j'ai cru qu'il pourroit servir en même temps à embrasser l'ensemble de nos connoissances sur tout ce qui est variable en raison des hauteurs auxquelles on s'élève au-dessus du niveau de l'Océan. C'est la considération qui m'a engagé à réunir, en quatorze échelles, beaucoup de nombres qui sont le résultat des recherches multipliées qu'on a faites sur différentes branches de la physique générale. Ces échelles s'expliquant par elles-mêmes, il suffira d'ajouter quelques mots sur leur construction. Celles qui indiquent la température, l'état hygroscopique et la tension électrique de l'air, la couleur bleue du ciel, les vues géologiques, la culture du sol et la diversité des animaux selon les hauteurs qu'ils habitent, sont rédigées d'après les observations que j'ai faites pendant mon expédition et dont le détail sera développé dans la relation de mon voyage à l'équateur.

Échelle de température.

Cette échelle présente le maximum et le minimum de chaleur que le thermomètre centigrade indique de cinq cents à cinq cents mètres (250 toises). Plusieurs milliers

DES RÉGIONS ÉQUATORIALES. 81

d'observations rassemblées pendant cinq ans, souvent d'heure en heure, ont fourni ces données. La température moyenne n'est pas le milieu entre ces extrêmes, mais le milieu entre toutes les observations faites à telle ou telle hauteur. On a tâché de ne pas confondre les effets d'une loi générale avec ce qui paroît ne dépendre que des localités. C'est ainsi, par exemple, qu'on lit dans le tableau, qu'au niveau de la mer, le thermomètre ne baisse pas au-dessous de 18°5, quoiqu'à la Havane on l'ait vu baisser plusieurs fois à + 1°4 et même à zéro ; mais cette ville se trouve déjà de treize degrés plus éloignée de l'équateur que la zone dont je décris les phénomènes, et pendant que les vents du nord soufflent avec impétuosité, la proximité du continent y produit un froid auquel on ne s'attend guères à cette latitude. A l'île de S. Domingue, qui est un peu plus méridionale, le thermomètre se soutient constamment dans les plaines entre vingt-trois et vingt-quatre degrés. Il est superflu de remarquer que toutes les observations du thermomètre ont été faites à l'ombre, et loin du reflet de la chaleur rayonnante.

HAUTEURS AU-DESSUS DU NIVEAU DE LA MER.		MAXIMUM DE LA TEMPÉRATURE.	MINIMUM DE LA TEMPÉRATURE.	TEMPÉRATURE MOYENNE.
MÈTRES.	TOISES.			
0 à 1000	0 à 500	+ 38°4	+ 18°5	+ 25°3
1000 à 2000	500 à 1000	+ 30,0	+ 12,5	+ 21,2
2000 à 3000	1000 à 1500	+ 23,7	+ 1,2	+ 18,7
3000 à 4000	1500 à 2000	+ 20,0	± 0,0	+ 9,0
4000 à 5000	2000 à 2500	+ 18,7	— 7,5	+ 3,7
5000 à 6000	2500 à 3000	+ 16,0*	— 10,0*	— 2*

Les nombres que cette échelle indique au-dessus de cinq mille mètres (2500 toises), ne sont pas d'une grande exactitude : car cette haute région a été trop peu visitée jusqu'à ce jour, et pour trop peu d'heures, pour pouvoir juger complétement de sa température moyenne. Le froid qu'indique le thermomètre sur le haut sommet des Andes, n'est jamais très-considérable, quoique la moindre quantité d'oxigène inspiré, la dépression du système nerveux, et d'autres causes inconnues jusqu'à présent, rendent ce froid difficile à supporter. Les académiciens, dans leur cabane à Pichincha, à quatre mille sept cent trente-cinq mètres (2428 toises) de hauteur, ne virent baisser le thermomètre centigrade qu'à 6° au-dessous de zéro, et à Chimborazo, à cinq mille neuf cent huit mètres (3032 toises), mon thermomètre ne montra que — 1°8. Au grand volcan d'Antifana, à la grande hauteur de cinq mille quatre cent trois mètres (2773 toises), il monta, même à l'ombre, jusqu'à 19°. Au contraire, dans les endroits connus pour être les plus chauds de la terre, à Cumana, à la Guayra, à Carthagènes des Indes, à Huayaquil, situé sur les côtes de la mer du Sud, dans la rivière de la Madeleine, et sur les bords de l'Amazone, le terme moyen de la température est de 27°, quand à Paris et à Milan il est de 11° à 13°. Mais dans ces mêmes régions équatoriales, le thermomètre atteint rarement les extrêmes de chaleur auxquels on le voit monter si souvent dans le Nord de l'Europe. En examinant un tableau de plus de vingt et un mille observations faites par M. Orta, officier de marine au service du roi d'Espagne, avec de très-bons instrumens, j'ai trouvé qu'à la Vera-Cruz, en treize ans, le thermomètre centigrade n'est monté que trois fois[1] au-dessus de 32°, et jamais au-delà de 35° 6'. A Paris, au contraire, on le voit assez souvent à 36°, et le 14 Août 1773, on l'a observé à 38° 7'. A la Vera-Cruz la température moyenne des mois de Mai, Juin, Juillet, Août et Septembre, est de 27° 5, et j'ai trouvé que la cruelle fièvre adynamique, connue sous le nom de *vomito prieto*, y fait ses ravages chaque fois que la température moyenne du mois surpasse 23° 7'. Dans les régions équatoriales, les termes extrêmes de la plus grande et de la moindre chaleur sont éloignés de 16 à 20 degrés. En Europe, sous le 5.ᵉ degré de latitude, ils le sont de plus de 62 degrés du thermomètre centigrade.

Le sol s'échauffant singulièrement sur les côtes de la mer ou dans les immenses plaines de l'Orénoque, les plantes herbacées à tiges très-basses, les *sesuvium*, les *gomphrena*, les *thalinum*, les *killingia* et quelques mimoses, à demi enterrés dans le sable, supportent une chaleur de 52 degrés. Dans les plaines de Jorullo, au Mexique, j'ai vu croître des plantes dans un sable noir, qui fit monter le thermomètre à 60 degrés pendant le jour. Les *stœhelina*, les *swertia*, et d'autres plantes de la cime des Andes, au contraire, supportent toute l'année, à l'exception de quelques heures

---

[1] M. Wilson (Hist. of the British Expedition to Egypt, p. 134) assure qu'en Égypte, le 21 Mai 1802, le thermomètre centigrade monta à l'ombre, à Belbeis, pendant le Sirocco, à 53 degrés. Si cette observation est exacte, il faut croire que le sable répandu dans l'air aura contribué à augmenter la température de l'air.

que le soleil les échauffe, une température de + 3° 5. Ces plantes alpines et les palmiers occupent, pour ainsi dire, les deux extrêmes de ce thermomètre botanique.

Les températures moyennes exprimées dans l'échelle de mille à deux mille mètres (500 à 1000 toises), donnent le décroissement du calorique sous l'équateur depuis le niveau de la mer jusqu'à la cime des Andes. Si le choix des observations sur lesquelles j'ai fondé ces températures moyennes étoit bien fait, le décroissement du calorique qui en résulteroit, seroit plus exact que celui que l'on pourra jamais conclure en Europe des observations faites au-dessus de trois mille mètres (1500 toises), observations très-peu nombreuses et très-isolées. Les voyages exécutés vers la cime des Alpes, ou les ascensions aérostatiques, ne pourront jamais être assez fréquens pour nous faire connoître exactement la température moyenne des couches d'air à trois ou cinq mille mètres (1500 à 2500 toises). Sous les tropiques, au contraire, il existe des villages qui sont de quatre cents mètres (200 toises) plus élevés que la cime du pic de Ténériffe, et dans lesquels un physicien peut faire un séjour peu pénible et très-intéressant pour la météorologie.

Il résulte de mes observations faites dans la Cordillière des Andes, que le décroissement du calorique est, en raison de 5:3, plus rapide au-dessus de trois mille cinq cents mètres (1750 toises), que depuis le niveau de la mer à deux mille cinq cents mètres (1250 toises). La couche d'air où le refroidissement est le plus prompt sous l'équateur, paroît comprise entre deux mille cinq cents et trois mille cinq cents mètres (1250 et 1750 toises), ou entre les hauteurs du S. Gothard et de l'Etna. Il est aisé de concevoir combien la chaleur rayonnante, modifiée par les inégalités de la surface de la terre ou par la forme des montagnes, doit influer sur ce décroissement. Un physicien qui s'éleveroit dans un aérostat sous l'équateur au-dessus des plaines de l'Amazone, trouveroit peut-être la température des couches très-différente de ce que je crois l'avoir observée sur la pente de la Cordillière; mais il est probable que cette différence ne s'étendroit pas beaucoup au-delà de quatre mille mètres (2000 toises), hauteur à laquelle, dans les Andes même, la masse des montagnes, et par conséquent leur influence sur l'air ambiant, sont déjà considérablement diminuées.

Le voyage que j'ai fait vers la cime du Chimborazo, a donné le décroissement du calorique de cent quatre-vingt-seize mètres (98 toises) pour un degré du thermomètre centigrade. Les températures moyennes de l'échelle le fixent à cent quatre-vingt-neuf mètres (100 toises), depuis le niveau de la mer jusqu'à la hauteur de cinq mille cinq cents mètres (2823 toises). Saussure suppose qu'en Europe le décroissement étoit, en été, de cent cinquante-six mètres (90 toises), en hiver, de deux cent trente-trois mètres (111 toises), pour un degré centigrade. M. Gay-Lussac, dans sa grande ascension aérostatique, a observé, en été, un décroissement de calorique identique avec celui que donnent mes observations sous l'équateur. Ce savant observa (le thermomètre étant à Paris à 30 degrés), à cinq mille mètres (2500 toises), la température à zéro, tandis qu'à six mille mètres (3000 toises) elle étoit à

3 degrés au-dessous de la glace. Ces données fixent de 0 à 5500 mètres le décroissement à cent quatre-vingt-trois mètres (92 toises). Mais calculant pour toute la colonne d'air parcourue par M. Gay-Lussac, on trouve, depuis 0 à 6977 mètres, le décroissement de cent soixante-treize mètres (87 toises) par degré centigrade. J'ai exposé dans mon Mémoire sur la limite inférieure des neiges perpétuelles, qu'au-dessus de quatre mille sept cents mètres (2300 toises) d'élévation, la différence de latitude paroît influer très-peu sur la température, et que M. Gay-Lussac, le jour de sa dernière ascension, rencontra au-dessus de ce terme, à 48 degrés de latitude, des couches d'air qui avoient exactement la même température que celles dans lesquelles je me trouvai à égale hauteur à Chimborazo. Les phénomènes de la réfraction horizontale, de 4 à 5 minutes plus petite sous l'équateur qu'en Europe, paroissent contraires à cette égalité de température des hautes régions. Ils indiquent un décroissement de calorique plus rapide sous l'équateur que ne le fixent mes observations; mais il faut remarquer que les réfractions horizontales en Europe sont, selon M. Delambre, moins fortes qu'on les admet généralement. Le phénomène des réfractions dépendant de toutes les couches d'air que les rayons parcourent, un décroissement inégal au-dessus de sept mille mètres (3500 toises), et par conséquent dans des régions que personne n'a visitées, peut causer les différences de réfraction horizontale que Bouguer a observées sous l'équateur. Aussi l'incertitude dans laquelle nous sommes sur le décroissement du calorique dans les hivers de l'Europe, et le peu d'har-

monie[1] qu'offrent les observations de le Gentil et de Bouguer, nous empêchent de parvenir à des résultats certains, et je dois me contenter pour le moment d'énoncer les faits tels que j'ai cru les observer dans les régions équatoriales.

Échelle barométrique.

Cette échelle présente la pression de l'air atmosphérique à différentes élévations au-dessus du niveau de la mer, et exprimée par la hauteur du baromètre. Ces hauteurs ont été calculées d'après la formule barométrique que M. de la Place a publiée dans sa Mécanique céleste, en supposant les températures moyennes que présente l'échelle thermométrique. Soit X la hauteur donnée en mètre, H la hauteur du baromètre au niveau de la mer, T la température au même niveau, t la température correspondante à la hauteur X, et h la hauteur cherchée du baromètre pour l'élévation X ; on aura :

$$\text{Log. } m = \frac{X}{18393 \left\{ 1 + \frac{2(T+t)}{1000} \right\}},$$

et ayant trouvé le nombre m, on aura

$$h = \frac{H}{m \left(\frac{1 + T - t}{5412} \right)}.$$

---

[1] M. Delambre croit en effet qu'il n'existe qu'une très-légère différence entre les réfractions horizontales des zones tempérées et des tropiques. Il a recalculé soigneusement toutes les observations de le Gentil faites à Pondichéry, et dans lesquelles Borda avoit découvert une faute de réduction. Ces calculs ont prouvé à M. Delambre que les réfractions sont les mêmes en Europe et aux Indes. Cependant les observations de le Gentil paroissent très-exactes.

Cette formule donne de 500 à 500 mètres les hauteurs barométriques suivantes :

ÉLÉVATIONS AU-DESSUS DU NIVEAU DE LA MER.		TEMPÉRATURE EN DEGRÉS DU THERMOMÈTRE CENTIGRADE.	HAUTEURS BAROMÉTRIQUES.	
EN MÈTRES.	EN TOISES.		EN MÈTRES.	EN LIGNES DU PIED DE PARIS.
0	0	+ 25°3	0,76202	337,8
500	256	+ 24,0	0,71961	319,03
1000	513	+ 22,6	0,67923	301,18
1500	769	+ 21,2	0,64134	284,28
2000	1026	+ 20,0	0,60501	268,24
2500	1282	+ 18,7	0,57073	253,05
3000	1539	+ 14,4	0,53689	238,06
3500	1795	+ 9,0	0,50418	223,50
4000	2052	+ 6,4	0,47417	210,20
4500	2308	+ 3,7	0,44553	197,55
5000	2565	+ 0,4	0,41823	185,40
5500	2821	— 3,0	0,39206	173,84
6000	3078	(— 6,0)	0,36747	162,95
6500	3334	(— 10,0)	0,34357	152,38
7000	3591	(— 13,0)	0,32035	142,61
7500	3847	(— 16,0)	0,30068	133,36

Les températures moyennes au-dessus de six mille mètres (3000 toises) ne sont pas tout-à-fait exactes : elles ne se fondent que sur la loi hypothétique du décroissement du calorique. M. de Saussure a vu baisser le baromètre à la cime du Mont-Blanc à 0,43515 mètres (16 pouces 0,9 lignes). MM. de la Condamine [1] et Bouguer, sur la cime du Corazon

---

[1] « Personne, dit M. de la Condamine, n'a vu le baromètre si bas dans l'air

(au sud de la ville de Quito), observèrent le baromètre à 0,42670 mètres (15 pouces 9,2 lignes). J'ai porté des instrumens sur le Chimborazo, à une élévation telle que j'ai vu le mercure descendre à 0,37717 mètres (13 pouces 11,2 lignes); mais M. Gay-Lussac a résisté dans son ascension aérostatique à une dilatation de l'air correspondante à 0,3288 mètres (12 pouces 1,7 lignes).

La hauteur barométrique au niveau de la mer n'a été fixée qu'à 0,76202 mètres (337,8 lignes), la température étant à 25 degrés du thermomètre centigrade. C'est ainsi que me l'ont donnée des observations faites sous les tropiques, tant sur les côtes de l'océan Atlantique que sur celles de la mer du Sud. Bouguer adoptoit 0,76022 mètres (28 pouces 1 ligne), et le géomètre espagnol, Don George Juan, 27 pouces 11,5 lignes. La Condamine dit que « si la hauteur « moyenne du baromètre sous les tropiques n'est pas moindre « de 28 pouces, elle en diffère très-peu. » Mes observations, faites avec des baromètres bien purgés d'air par le feu et comparés à ceux de l'observatoire de Paris, paroissent prouver que la pression moyenne de l'air au niveau des mers des tropiques est un peu moindre que celle des zones tempérées.

M. Schuckburg[1] a trouvé la dernière de 0,76300 mètres (28 pouces 2,24 lignes) : M. Fleuriau Bellevue, de 0,76434

« libre, et vraisemblablement personne n'a monté à une plus grande hauteur;
« nous étions à quatre mille huit cent quinze mètres (2471 toises), et nous
« pouvons répondre, à huit ou dix mètres (4 ou 5 toises) près, de la justesse
« de cette détermination. » (*Voyage à l'Équateur*, pag. 58.)

[1] Il seroit important de constater bien exactement cette hauteur moyenne sur les côtes de la Méditerranée et de l'océan Atlantique.

mètres (28 pouces 2⅙ lignes), la température étant de 12 degrés. Cette différence de près de deux millimètres ne peut pas s'expliquer uniquement par la différence de la température moyenne de l'Europe et des régions équatoriales; elle le peut d'autant moins que dans la partie basse du Pérou, pendant les quatre à cinq mois que le soleil est caché sous une brume épaisse, le thermomètre centigrade se soutient à 15 et 16 degrés. C'est un problème aussi difficile à résoudre que ces oscillations horaires du baromètre sous l'équateur, que je n'ose plus considérer comme des marées de l'Océan aérien, depuis que je me suis assuré que la lune n'a sur elles qu'une influence insensible.

L'élasticité de l'air des zones tempérées varie, dans le même lieu, quelquefois jusques à 0,0450 (20 lignes). Sous les tropiques, où les vents alisés amènent constamment des couches d'air d'une égale température, depuis le 10.ᵉ degré nord jusqu'au 10.ᵉ degré sud de l'équateur, cette élasticité ne varie pas au bord de la mer au-delà de 0,0026 mètres (1,4 lignes), et à trois mille mètres (1500 toises) d'élévation, elle ne change pas de 0,0015 mètres (0,7 de ligne). Mais, quoique l'étendue de ces variations soit si petite, elles ne sont pas moins remarquables par la loi que suit le mouvement du baromètre d'heure en heure. Godin a le premier indiqué ce phénomène, sans marquer les époques du maximum ou du minimum des hauteurs barométriques. M. la Condamine fixe ces époques à 9 heures du matin et à 3 heures de l'après-midi. M. Balfour à Calcutta, et M. Moscley aux Antilles, ont aussi marqué des époques; mais elles ne correspondent pas à celles que j'ai trouvées avec M. Bonpland, veillant plusieurs nuits de suite pour examiner les marées nocturnes. Nous avons trouvé que le baromètre est à son maximum à 9 heures du matin, qu'il ne descend que très-peu jusqu'à 12 heures, mais beaucoup depuis midi jusqu'à 4 heures ou 4 heures et demie; qu'il remonte de nouveau jusqu'à 11 heures de la nuit, où il est un peu plus bas qu'à 9 heures du matin. Il baisse de nouveau toute la nuit jusqu'à 4 heures et demie du matin, où il est un peu plus haut qu'à 4 heures de l'après-midi. Enfin il remonte depuis 4 heures jusqu'à 9 heures du matin. Les époques de ces variations horaires sont les mêmes sur les côtes de la mer du Sud et dans les plaines de la rivière des Amazones, que dans les endroits élevés de quatre mille mètres (2000 toises). Elles paroissent indépendantes des changemens de température et des saisons. Si le mercure est en baissant depuis 9 heures jusqu'à 4 heures de l'après-midi, s'il est en montant de 4 heures à 11 heures de la nuit, un orage, un tremblement de terre, des averses et les vents les plus impétueux, n'altèrent pas sa marche. Rien ne paroît la déterminer que le temps vrai ou la position du soleil. En quelques endroits des tropiques, le moment où le mercure commence à descendre est si marqué, qu'à moins d'un quart d'heure près le baromètre indique le temps vrai. Au niveau de la mer, sous l'équateur, le terme moyen du baromètre étant $= z$, je trouve à peu près sa hauteur :

à 21 h. $= z + 0,5$.
à 4 h. $= z - 0,4$.
à 11 h. $= z + 0,1$.
à 16 h. $= z - 0,2$.

De plusieurs milliers d'observations que nous rapportons sur les oscillations horaires du baromètre, je ne cite qu'un exemple, qui peut servir de type de cette régularité. Les flèches y indiquent par leur direction les époques où le baromètre est en montant ou en baissant.

Observations faites au Port du Callao, près de Lima, les 8 et 9 Novembre 1802 : le baromètre[1] *est muni d'un vernier, avec lequel on apprécie facilement 0,03 de ligne.*

HEURES. TEMPS VRAI.		BAROMÈTRE EN LIGNES.	THERMOMÈTRE FIXÉ AU BAROMÈTRE.	THERMOMÈTRE A L'AIR LIBRE ET A L'OMBRE.	HYGROMÈTRE DE DELUC.
Le 8 Nov. à	10½	336,92	19	16°3	43°
	11	336,98	19	16,2	43,7
	13	336,72	19,5	16,2	44
	14	336,60	19,5	16,2	42
	15	336,65	19,8	16,5	43
↘	15½	336,62	20,0	16,0	42
	16	336,55	19,0	16,0	42
	16½	336,80	20,5	16,3	42,5
↗	17	336,87	22,0	16,4	42
	17½	336,95	22,7	17,0	42
	20	337,25	23,0	18,0	39
	21	337,35	23,0	19,2	37
	22½	337,13	24,5	20,4	37,5

[1] L'observation s'est faite douze mètres (6 toises) au-dessus de la surface de la mer du Sud. Le niveau du baromètre n'ayant pas été exactement rectifié, les hauteurs absolues sont environ de 0,9 de ligne trop petites.

DES RÉGIONS ÉQUATORIALES.

HEURES. TEMPS VRAI.	BAROMÈTRE EN LIGNES.	THERMOMÈTRE FIXÉ AU BAROMÈTRE.	THERMOMÈTRE A L'AIR LIBRE ET A L'OMBRE.	HYGROMÈTRE DE DELUC.
Le 9 Nov. à 0½ heures.	336,90	25,5	22°5	34°
0¾	336,75	25,9	22,7	34
↘ 3½	336,60	26,0	23,0	34,5
4	336,45	25,5	20,5	33,6
5	336,50	25,5	18,0	37
8	336,85	25,0	16,1	39
9	336,95	22,0	16,5	40
↗ 10	336,97	22,4	16,4	42
11	337,15	20,0	16,4	42
11½	336,90	20,5	16,7	42
13	336,84	20,5	17,0	43

M. Mutis, qui s'est occupé pendant plus de trente ans de ces oscillations horaires, croit avoir observé à Santa-Fé-de-Bogota, à deux mille six cent vingt-trois mètres (1347 toises) de hauteur, que les conjonctions et les oppositions de la lune influent sur les marées barométriques. Je n'ai pas pu apercevoir ces changemens; je ne doute cependant pas qu'ils n'existent. M. Laplace a calculé l'effet de cette influence du soleil et de la lune sur l'océan aérien; mais peut-être est-elle masquée sous l'équateur par le phénomène des oscillations horaires. Dans l'hémisphère boréal, vers les limites des tropiques, les vents froids du nord, qui soufflent impétueusement dans le golfe du Mexique, font monter le baromètre de 5 à 7 lignes. Ce phénomène extraordinaire, qui est le pronostic le plus important pour la navigation entre la Havane et la Vera-Cruz, est entièrement local entre le 19.ᵉ et le 23.ᵉ degré de latitude. Cette couche d'air froid, qui élève le mercure, interrompt le jeu des oscillations horaires ; mais elles recommencent à la Vera-Cruz aussitôt que la tempête est passée. M. Cotte a déduit d'un grand nombre d'observations faites en Europe, que le minimum de la hauteur barométrique y a lieu deux heures après la culmination du soleil, et par conséquent deux heures plus tôt qu'on ne le trouve sous l'équateur. Dans nos climats tempérés, les variations horaires du poids de l'air sont peut-être cachées sous une multitude de causes locales qui font baisser et monter irrégulièrement les baromètres : mais je ne doute pas avec M. Van-Swinden, que des termes moyens, déduits de plusieurs milliers d'observations faites d'heure en heure, n'indiquent que, même dans nos latitudes, le baromètre monte et descend à des époques déterminées.

Je ne puis quitter ces discussions sur la pression de l'air, sans ajouter une observation physiologique. Dans la ville de Quito le baromètre se soutient à 0,54366 de mètre (20 pouces 1 ligne). Dans celle de Micuipampa, je l'ai trouvé à 0,49629 de mètre (18 pouces 4 lignes), et les habitans de la métairie d'Antisana respirent un air dont l'élasticité est exprimée par une colonne de mercure de 0,46927 de mètre (17 pouces 4 lignes). M. Gay-Lussac a vu baisser le baromètre a 0,3288 de mètre (12 pouces 1 ligne). L'homme accoutumé dans les plaines à une pression égale à 0,76 de mètre (28 pouces), résiste à tous ces changemens. Les habitans de ces villes élevées jouissent de la meilleure santé, et quoique les nouveau-venus s'y sentent au commencement un peu gênés dans la respiration, surtout en parlant vite ou en se donnant de forts mouvemens musculaires, toutes ces petites incommodités ne durent que très-peu de temps. Ce malaise devient plus fort cependant, lorsque le baromètre baisse au-delà de 0,40605 de mètre (15 pouces). A ces hauteurs de cinq mille mètres (2500 toises), le système nerveux se sent très-débilité. On s'évanouit facilement au moindre effort que l'on fait. Plusieurs personnes se sentent des envies de vomir, et au-delà de cinq mille huit cents mètres (2900 toises) de hauteur, le mouvement musculaire et le manque de pression atmosphérique agissent souvent si fort sur les vaisseaux dont les tuniques sont très-minces, que l'on saigne des yeux, des lèvres et des gencives. Ces phénomènes sont variables, selon la constitution physique des voyageurs; il est même des personnes qui ne les ressentent pas du tout. Saussure a observé que l'homme résiste plus à la rareté de l'air que les mulets. J'ai mené un cheval au Cofre de Pérote jusqu'à trois mille huit cent trente-neuf mètres (1970 toises) de hauteur. Sa respiration étoit cruellement gênée. Il m'a paru d'ailleurs que la race des hommes blancs souffre moins au-delà de cinq mille huit cents mètres (2900 toises), que la race des indigènes cuivrés.

La pression de l'air atmosphérique doit avoir l'influence la plus grande sur les fonctions vitales des végétaux et surtout sur celles de la respiration de leurs tégumens. Quoique beaucoup de cryptogames, et parmi les phanérogames surtout les graminées, soient indifférens à ces modifications de pression barométrique, il en est d'autres cependant qui ne le sont pas. Le *swertia quadricornis*, l'*espeletia frailexon* les *chuquiraga* et quelques gentianes, paroissent exiger un dilatation de l'air égale à 0,46 ou 0,49 de mètre (17 ou 18 pouces). Beaucoup de plantes des Andes, transportée dans les régions également froides de l'Europe, n'y croî troient sans doute pas dans toute leur perfection, parc qu'elles n'y trouveroient pas cet air raréfié auquel leurs or ganes sont accoutumés dans leur site natal. On attribue le grands changemens que l'on observe dans la physionomi des végétaux alpins transplantés dans les plaines, unique ment aux différences de température, d'humidité et de ten sion électrique. Mais j'ignore pourquoi l'on voudroit exclur des causes de ce phénomène la pression barométrique qui influe sans doute tout aussi puissamment sur l'organi sation des végétaux. Dans la nature animée, beaucoup d causes concourent à la fois pour modifier les actions vitales et l'on n'en doit négliger aucune pour expliquer les phéno mènes de la matière organisée.

Échelle hygrométrique.

Cette échelle présente le décroissement de l'humidité d l'air atmosphérique, selon que l'on s'élève au-dessus d niveau de la mer. Les observations qui ont servi pour le termes moyens ont été faites à l'ombre, le ciel étant azuré Je me suis servi tantôt de l'hygromètre de Saussure, tantô de celui de Deluc, selon que l'instrument devoit prendr promptement l'humidité, ou que l'on pouvoit le laisser long temps exposé à l'air dont il devoit indiquer l'état hygrosco pique. Tous les résultats ont été réduits aux degrés de l'hygromètre de Saussure, en les corrigeant pour la température, et les réduisant à 25° 3 du thermomètre centigrade. Les expériences de Saussure et de Dalton prouvent qu'il n'y a point de corrections à faire pour le baromètre.

HAUTEURS.	HYGROMÈTRE DE SAUSSURE, NON CORRIGÉ POUR LA TEMPÉRATURE.	THERMOMÈTRE FIXÉ A L'HYGROMÈTRE.	HYGROMÈTRE RÉDUIT A LA TEMPÉRATURE DE 25°,3.
De 0 à 1000 mètres	86	+ 25,3	86
De 1000 à 2000	80	+ 21,2	73,4
De 2000 à 3000	74	+ 18,7	64,5
De 3000 à 4000	65	+ 9,0	46,5
De 4000 à 5000	54	+ 3,7	36,2
De 5000 à 6000	38	+ 3,0	26,7

Ces termes moyens jettent quelque jour sur le décroissement de l'humidité dans les régions équatoriales, décroissement qui n'est pas sans intérêt pour les recherches sur les réfractions. Cette diminution est de quatre-vingt-dix mètres (45 toises) par degré de l'hygromètre de Saussure.

Malgré l'extrême sécheresse de l'air sur le sommet des Andes, où l'hygromètre baisse à quarante-six degrés, le thermomètre étant à 3° 7 (ce qui revient à 31° 7 de l'hygromètre, le thermomètre étant à 25° 3), c'est dans les régions élevées de deux mille cinq cents à trois mille cinq cents mètres (1250 à 1750 toises) que l'on se trouve à chaque instant enveloppé dans des brumes épaisses. Ces précipitations d'eau, qui sont ou l'effet ou la cause d'une forte tension électrique, donnent à la végétation des *paramos* cette belle fraîcheur qui la caractérise.

Dans les basses régions des tropiques, un air éminemment transparent et sans vestige de nuage pendant quatre à cinq mois de l'année, est considérablement chargé d'eau. M. Deluc a prouvé par les expériences de son fils que cette grande humidité existe aussi au Bengale. C'est cet état hygroscopique de l'air qui soutient les végétaux dans les temps de sécheresse. Si les plantes n'avoient pas cette propriété d'enlever l'eau vaporisée dans l'air, comment concevoir par quoi se soutient cette belle végétation dans des pays où, comme à Cumana, il n'y a pendant huit à dix mois ni pluie, ni brume, ni rosée?

A deux mille trois cent cinquante mètres (1175 toises) de hauteur, dans la vallée du Mexique, l'hygromètre de Saussure baisse souvent de quarante-deux à quarante-trois degrés, le thermomètre marquant de 15° à 18°. En Europe je n'avois jamais observé une sécheresse supérieure à quarante-six degrés, la température étant à quinze degrés. Mais par quoi, dans la vallée du Mexique, sont absorbées les vapeurs qui s'élèvent des cinq lacs qui entourent la capitale? On ne peut expliquer cette absorption par l'immense quantité de muriate et de carbonate de soude dont le sol est couvert. Tout l'intérieur du royaume de la Nouvelle-Espagne est d'une sécheresse étonnante. La végétation y est très-rare à deux mille mètres (1000 toises) d'élévation, et l'air y paroît, pour ainsi dire, artificiellement séché. Cette sécheresse, sans doute aussi nuisible à la santé qu'à la végétation, va en augmentant de siècle en siècle, parce que l'industrie de l'homme fait découler les lacs et que l'abondance des pluies diminue. Quelle, enfin, ne doit pas être la sécheresse de l'air en Perse, entre Tiflis et Tauris, et dans la province du Kerman, où, d'après Chardin, on construit les maisons de sel gemme !

L'eau vaporisée dans l'air, et précipitée, soit par un changement de température, soit peut-être par d'autres causes qui ne sont pas suffisamment éclaircies, forme des groupes de vapeurs vésiculaires qui se présentent à nos yeux sous la forme de nuages. Leur hauteur, que j'ai mesurée souvent, paroît assez constante. La couche inférieure des nuages m'a paru élevée de onze cent soixante-neuf mètres (600 toises) au-dessus du niveau de la mer. C'est à cette hauteur que sur la pente de la Cordillière règne cette brume épaisse, dans laquelle on est constamment enveloppé pendant une partie de l'année à Xalappa, à l'est du Mexique, et à Guaduas, dans le royaume de Santa-Fé. La limite supérieure des gros nuages est à peu près à trois mille trois cents mètres (16 à 1800 toises); mais un phénomène très-frappant est l'existence des petits nuages, que le vulgaire nomme *moutons*, à plus de sept mille huit cents mètres (3900 toises) d'élévation. Nous les avons vus au-dessus de nous au volcan d'Antisana, et M. Gay-Lussac en fait aussi mention dans la relation de son second voyage aérostatique. Quelle légèreté que celle des vapeurs vésiculaires capables de se soutenir dans une atmosphère si rare ! D'après les observations de MM. Biot et Gay-Lussac, la limite inférieure des nuages paroît être en Europe, pendant l'été, de douze cents mètres (600 toises), comme sous l'équateur.

M. Gay-Lussac, à la hauteur de cinq mille deux cent soixante-sept mètres (2635 toises), a vu l'hygromètre à 25° 5, le thermomètre étant à + 4°. C'est sans doute le maximum de sécheresse que l'on ait jamais observé : car en réduisant l'hygromètre à la température de 25° 3, qui règne en été dans les plaines, les 25° 5 se réduiront à 21° 5.

La quantité de pluie qui tombe annuellement sous les tropiques est de plus de 1,89 mètres (70 pouces). A Guayaquil, dans la vallée de Cumanacoa, et entre le Cassiquiaré et le Rio-Negro, je crois pouvoir l'évaluer à 2,43 mètres (90 pouces). Aux États-Unis, sous le 40.e degré de latitude, on la trouve de 1,08 mètres (40 pouces); en Europe, de 0,48 mètres (18 pouces).

Échelle électrométrique.

En s'élevant depuis le niveau de la mer jusqu'au sommet des Cordillières, on voit la tension électrique augmenter graduellement, tandis qu'au contraire on observe que le calorique et l'humidité de l'air diminuent de plus en plus. Les expériences citées dans ce tableau ont été faites à différentes heures du jour avec l'électromètre de Saussure, armé d'un conducteur de 1,4 mètres (4 pieds) de haut, et amenant l'électricité atmosphérique par la fumée de l'amadou, comme l'a proposé M. Volta. Dans les basses régions équatoriales, depuis la mer jusqu'à deux mille mètres (1000 toises), les couches inférieures de l'air sont peu chargées d'électricité.

On a de la peine à en trouver des signes après dix heures du matin, même avec l'électromètre de Bennet. Tout le fluide paroît accumulé dans les nuages, ce qui cause de fréquentes explosions électriques, qui sont périodiques généralement deux heures après la culmination du soleil, au maximum de la chaleur et quand les marées barométriques sont près de leur minimum. Dans les vallées des grandes rivières, par exemple dans celles de la Madeleine, du Rio-Negro et du Cassiquiaré, les orages sont constamment vers minuit. Entre les dix-huit cents et deux mille mètres (900 et 1000 toises) est la hauteur où, dans les Andes, les explosions électriques sont les plus fortes et les plus bruyantes: les vallées de Caloto et de Popayan sont connues par la fréquence effrayante de ces phénomènes. Au-dessus de deux mille mètres (1000 toises) ils sont moins fréquens et moins périodiques; mais il s'y forme beaucoup de grêle, surtout à trois mille mètres (1500 toises) d'élévation, l'air y étant souvent, et pour long-temps, chargé d'électricité négative, que l'on ne trouve presque pas, ou tout au plus pour quelques instans, au-dessous de mille mètres (500 toises) d'élévation. Depuis les trois mille cinq cents mètres (1750 toises) les explosions sont assez rares; la grêle y tombe sans éclairs, souvent, depuis trois mille neuf cents mètres (1950 toises), mêlée de neige et même au milieu de la nuit. Les couches voisines de ces hautes cimes des Andes ont constamment une tension électrique qui est exprimée par 4 à 5 lignes de l'électromètre de Saussure. La sécheresse de l'air et la proximité des nuages y rendent le jeu de l'électricité plus sensible. Près des bouches des volcans elle passe souvent du positif au négatif. La région au-dessus des neiges perpétuelles présente un grand nombre de phénomènes lumineux qui ne paroissent pas accompagnés de tonnerre. Cette multitude d'étoiles filantes que l'on voit tomber dans la partie volcanique des Andes, et leur plus grande fréquence dans les pays chauds, pourroient faire regarder ces phénomènes comme appartenant à notre globe, si d'autres raisons, surtout leur grande hauteur, ne sembloient pas s'opposer à cette supposition.

Couleur azurée du ciel.

L'habitant des plaines, en s'élevant à des hauteurs de trois à quatre mille mètres (1500 à 2000 toises), est frappé de la teinte obscure que lui présente la voûte azurée du ciel. Cette intensité de couleur augmente en raison de la dilatation de l'air, et de la moindre masse de vapeurs par laquelle passent les rayons solaires. Une dispersion de la lumière, produite par la vapeur vésiculaire, rend la couleur du ciel grisâtre ou laiteuse. Moindre est la masse d'air par laquelle les rayons parviennent à nous, plus la teinte du ciel devient foncée et se rapproche de ce noir qu'elle nous présenteroit si nous étions à la limite supérieure de l'atmosphère.

Le cyanomètre dont je me suis servi dans cette expédition, a été fait par M. Paul à Genève, sur celui dont Saussure s'est servi au Mont-Blanc. Les observations ont été faites au zénith.

J'ai cru apercevoir qu'en général le bleu du ciel a plus d'intensité sous les tropiques qu'à égale hauteur en Europe.

Le terme moyen à Paris (la chaleur d'été étant de 25°) m'a paru de 16° du cyanomètre. Sous les tropiques je l'ai jugé de 23°. Cette différence provient sans doute de la dissolution parfaite des vapeurs dans l'atmosphère équatoriale. Aussi rien n'approche de la majesté des nuits de ces régions : les étoiles fixes y brillent d'une lumière tranquille, tout-à-fait semblable à celle des planètes; la scintillation ne s'aperçoit que tout près de l'horizon. De foibles lunettes, transportées d'Europe aux Indes, paroissent y avoir augmenté en force, tant la transparence de l'air y est grande et constante.

Saussure a vu, au sommet du Mont-Blanc, à quatre mille sept cent cinquante-quatre mètres (2438 toises) de hauteur, le cyanomètre à 39°. Il nous a paru au Pic de Ténériffe à 41°. La grande sécheresse de cet air africain y augmente l'intensité de la couleur du ciel; car le Pic est de mille cinquante mètres (540 toises) plus bas que le Mont-Blanc. Aux Andes, à cinq mille neuf cents mètres (3000 toises) de hauteur, le cyanomètre marqua 46°. M. Gay-Lussac a observé cette même intensité de couleur dans ses voyages aérostatiques.

« Un phénomène, dit ce physicien, qui m'a frappé à cette
« grande hauteur de sept mille seize mètres (3508 toises),
« a été de voir les nuages au-dessus de moi, et à une dis-
« tance qui me paroissoit encore très-considérable. Dans
« notre première ascension les nuages ne se soutenoient pas
« à plus de onze cent soixante-neuf mètres (600 toises), et
« au-dessus le ciel étoit de la plus grande pureté. Sa cou-
« leur au zénith étoit même si intense qu'on auroit pu le

« comparer à celle du bleu de Prusse. Mais dans le der-
« nier voyage que je viens de faire, je n'ai pas vu de nuages
« sous mes pieds; le ciel étoit très-vaporeux, et sa couleur
« généralement terne. »

Décroissement de la lumière.

La lumière du soleil et des astres s'affoiblit dans son passage par l'air atmosphérique. Cette extinction de la lumière dépend de la densité des couches d'air; elle est par conséquent plus foible au sommet des hautes montagnes, et plus forte au niveau des mers. Dans le calcul de la table suivante, on n'a pas eu égard aux vapeurs qui, accidentellement, se trouvent répandues dans l'air. On a considéré le phénomène de l'extinction de la lumière tel qu'il se présenteroit dans un air transparent, et dans lequel l'eau est parfaitement vaporisée. On peut consulter sur cet objet les idées que M. Laplace a énoncées dans son exposition du Système du monde (vol. 1.er, p. 157). La grande transparence de l'air sous les tropiques fait que, même à égale hauteur, la lumière y est plus vive ou moins affoiblie qu'en Europe. Combien ne se sent-on pas fatigué de la grande clarté du jour aux Indes, même dans les heures où le reflet ne paroît pas ? et il seroit intéressant d'examiner ce phénomène par le photomètre de Leslie. Ce moindre affoiblissement de la lumière dans l'atmosphère des tropiques se manifeste aussi d'une manière bien frappante dans la lumière que la lune totalement éclipsée renvoie vers la terre; lumière qui est due à l'inflection des rayons solaires par l'atmosphère terrestre. Dans les zones tempérées l'air est quelquefois si dense et si rempli de vapeurs que le disque de la lune disparoît entièrement. Mais sous le 10.e degré de latitude boréale, l'atmosphère est si transparente que j'y ai vu la clarté de la lune éclipsée paroître presque aussi vive que l'est la pleine lune chez nous, lorsqu'elle commence à s'élever sur l'horizon.

Il est connu que la lumière influe puissamment sur les fonctions vitales des plantes, surtout sur leur respiration, sur la formation de la partie colorante, qui a un caractère résineux, et, selon Berthollet[1], sur la fixation de l'azote dans la fécule. Ces considérations nous laissent soupçonner avec raison que la grande intensité de lumière à laquelle les végétaux sont exposés sur la cime des montagnes, doit contribuer à leur donner ce caractère résineux et aromatique que nous présentent un grand nombre de plantes alpines. J'ai cité, dans mon ouvrage sur les nerfs, des expériences dans lesquelles la lumière solaire paroît produire sur la fibre nerveuse des effets stimulans qu'il seroit difficile d'attribuer à la chaleur seule. Le sentiment de foiblesse qu'éprouvent les habitans de Quito et du Mexique, chaque fois que le soleil darde sur eux à trois à quatre mille mètres (1500 à 2000 toises) d'élévation, paroît indépendant du mouvement musculaire ou de la transpiration cutanée, qui est augmentée sans doute dans un air dilaté. Seroit-il l'effet d'une irritation nerveuse? ou la lumière, moins affoiblie sur

---

[1] Statique chimique, vol. II, p. 496.

le sommet des montagnes, y dégage-t-elle plus de calorique dans sa décomposition par des corps denses, parce qu'elle en a encore moins perdu dans son passage?

Réfractions horizontales.

La force réfractive de l'atmosphère dépendant de la densité de ses couches et de la loi de leur température, cette force est différente, selon l'élévation du lieu où se trouve l'observateur. M. Laplace a prouvé que le calcul des réfractions astronomiques est très-différent, si l'angle observé est au-dessus ou au-dessous de 12 degrés. Dans le premier cas, l'état hygroscopique de l'air modifie très-peu l'inflexion de la lumière; dans le second, où le rayon rase, pour ainsi dire, la surface de la terre, l'influence des vapeurs aqueuses et de leur dissolution plus ou moins parfaite devient plus importante. Si le décroissement seul de la chaleur modifioit les réfractions horizontales, on concevroit difficilement pourquoi elles sont de beaucoup plus petites sous l'équateur que dans les zones tempérées en été; car les expériences citées plus haut rendent probable qu'en été le décroissement du calorique, du moins depuis la surface de la mer jusqu'à six à sept mille mètres (3000 à 3500 toises) de hauteur, est peu différent aux Andes de Quito et en Europe. Mais peut-être les Cordillières, qui renvoient de la chaleur rayonnante dans les hautes régions de l'air, ne donnent-elles pas des résultats assez comparables, ou peut-être aussi le décroissement varie-t-il au-dessus de sept mille mètres d'élévation. Il est de la plus haute importance de bien constater des phénomènes aussi intéressans pour l'astronomie physique, phénomènes sur lesquels les nouveaux travaux de M. Laplace vont jeter le plus grand jour. C'est encore d'après les formules de ce grand géomètre que je donne l'échelle des réfractions qui orne mon Tableau physique des régions équinoxiales.

Les académiciens françois ont fait graver sur la table de marbre que l'on conserve encore au ci-devant collége de jésuites dans la ville de Quito, que la réfraction astronomique horizontale moyenne est au niveau de la mer, sous l'équateur, de 27′; à la hauteur de Quito, de 22′ 50″; et au Chimborazo, près de la limite inférieure des neiges perpétuelles, de 19′ 51″. M. Laplace observe que, la rareté de l'atmosphère lunaire étant plus grande que celle du vide que nous formons dans nos meilleures machines pneumatiques, la réfraction horizontale, à la surface de la lune, ne peut pas surpasser cinq secondes.

Sur les hautes cimes des Andes l'on voit quelquefois au milieu de la nuit une lueur pâle, mais distincte, qui entoure l'horizon. Saussure l'a observée au Col-de-Géant, à trois mille quatre cent trente-cinq mètres (1717 toises) de hauteur. Je l'ai aperçue quelquefois, surtout à la métairie d'Antisana, à quatre mille cent cinq mètres (2523 toises). M. Biot a donné une explication ingénieuse de ce phénomène, qu'il attribue à la réflexion de la lumière solaire, causée par la masse d'air épaisse et profonde qui borde l'horizon. (*Astronomie physique, vol.* 1.er, *p.* 277.)

Composition chimique de l'atmosphère.

Le fluide élastique qui enveloppe notre planète, s'étend à des hauteurs dont nous ignorons les limites. La théorie de l'extinction de la lumière, et les expériences de Bouguer, prouvent que la hauteur de l'atmosphère, réduite dans toute son étendue à la densité de l'air correspondante à zéro de température et à la pression d'une colonne de 0,76 (28 pouces) de mercure, seroit de sept mille huit cent vingt mètres (3910 toises). (*Mécanique céleste, tome IV.*) Les observations du crépuscule indiquent qu'à soixante mille mètres (30000 toises) d'élévation, la densité des couches d'air est encore assez grande pour nous renvoyer une lumière sensible.

On a cru long-temps que la composition chimique de l'atmosphère varioit non-seulement dans un même lieu, mais aussi que la pureté de l'air diminuoit à mesure que l'on s'élève au-dessus du niveau de la mer. On attribuoit aux modifications de l'air ce qui ne résultoit que de l'imperfection des moyens eudiométriques dont on se servoit. Les expériences que j'ai faites avec le gaz nitreux, n'ont pas peu contribué à propager ces erreurs.

On a annoncé, dans ces dernières années, que la quantité d'oxigène contenue dans l'air atmosphérique, loin d'être de 27 ou 28 centièmes, n'étoit que de 21 à 23. Ces limites étant encore trop peu resserrées, et les chimistes étant encore incertains sur la bonté relative des moyens eudiométriques, nous avons entrepris, M. Gay-Lussac et moi, un travail étendu sur la composition de l'air et les modifications qu'il peut éprouver. J'ai désiré remplacer un travail imparfait de ma première jeunesse, par un autre fondé sur des bases plus solides.

Il en est de la chimie comme de l'astronomie. La perfection des méthodes et des instrumens nous permet d'évaluer les plus petites quantités, et il n'est pas permis de négliger aujourd'hui ce qui autrefois nous paroissoit inappréciable. Nous avons publié, M. Gay-Lussac et moi, les premiers résultats de notre travail dans un mémoire lu à l'Institut le 1.er Pluviôse an 13. Les nombres eudiométriques qu'indique mon tableau, se fondent sur les expériences que nous avons faites dans un des laboratoires de l'École polytechnique, et auxquelles nous espérons pouvoir donner dans la suite plus d'étendue et de variété.

Dans l'état actuel de nos connoissances chimiques, l'eudiomètre de Volta est préférable aux autres moyens eudiométriques. C'est le seul qui nous fasse reconnoître dans l'air des changemens de deux millièmes d'oxigène. Le sulfure alcalin, le phosphore et le gaz nitreux (en lavant les résidus avec du sulfate de fer ou de l'acide muriatique oxigéné et de l'alcali), n'évaluent la quantité d'oxigène avec certitude qu'à un ou deux centièmes près. Le sulfure alcalin, fait à chaud, absorbe de l'azote, et en attribuant toute l'absorption observée à l'oxigène de l'atmosphère, le sulfure paroîtroit indiquer souvent trente à quarante centièmes d'oxigène. C'est cette action des sulfures dissouts à une haute température, et de fausses suppositions sur la saturation d'une partie d'oxigène par deux à quatre parties de gaz nitreux, qui ont fait annoncer autrefois l'existence de 0,27 à 0,28 d'oxigène dans l'air.

Les parties constituantes de l'atmosphère paroissent être 0,210 de gaz oxigène, 0,787 de gaz azote, et 0,003 de gaz acide carbonique. La quantité du dernier n'a point été évaluée avec toute l'exactitude requise. Peut-être est-elle plus petite encore. Les solutions alcalines dont on s'est généralement servi, n'agissent pas sans doute sur l'acide carbonique seul; car chaque fois qu'un liquide reste long-temps en contact avec l'air, l'absorption de l'azote et de l'oxigène peut altérer les résultats.

L'atmosphère ne paroît pas varier dans sa composition chimique, c'est-à-dire quant à ses proportions d'oxigène et d'azote. Si ces variations existent, il est probable qu'elles ne vont pas au-delà d'un millième d'oxigène; car l'air pris pendant la pluie, en temps de brume, en temps sec et serein, pendant qu'il tomboit de la neige et que le vent souffloit des régions les plus opposées, nous a toujours manifesté 0,210 ou 0,211 d'oxigène. M. Gay-Lussac a constaté le fait important qu'à sept mille mètres (3500 toises) de hauteur l'air atmosphérique contient aussi 0,21 d'oxigène. C'est la seule expérience qu'on ait faite avec beaucoup de précision sur la composition chimique des couches d'air les plus élevées. Si d'autres voyageurs et moi avons cru y apercevoir une moindre quantité d'oxigène qu'au niveau de la mer, il faut soupçonner que l'imperfection des moyens eudiométriques employés nous en a imposé. Sur la cime du

Pic de Ténériffe et dans quelques volcans des Andes, la pureté de l'air peut être effectivement moindre ; mais il faut attribuer sans doute cette différence à l'action des cratères, et surtout aux grandes masses de soufre qui absorbent l'oxigène de l'air avec lequel elles sont immédiatement en contact.

On a agité la question importante, si l'air atmosphérique contenoit de l'hydrogène. M. Gay-Lussac avoit prouvé, lors de son second voyage aérostatique, que s'il existe une petite quantité d'hydrogène dans l'air, elle n'est pas plus grande à sept mille mètres (3500 toises) d'élévation que dans les plaines. Nous venons de faire des recherches ultérieures à cet égard, et nous pouvons annoncer qu'il ne peut pas exister dans l'air atmosphérique au-delà de deux millièmes d'hydrogène ; car 0,003, noyés dans un mélange artificiel d'oxigène et d'azote, ont été indiqués par nos instrumens. Or, un mélange d'air qui contient moins de 0,05 d'hydrogène ne s'enflammant pas par le coup électrique, il paroît que ce n'est pas par l'hydrogène contenu dans l'atmosphère que l'on peut expliquer la formation des pluies d'orage et d'autres phénomènes ignés. Cette uniformité constante de la composition chimique de l'air, et le manque de l'hydrogène, sont deux faits très-importans pour le calcul des réfractions. Ils prouvent que les géomètres n'ont besoin d'autre correction que celle du baromètre, du thermomètre et de l'hygromètre.

Mais outre l'oxigène et l'azote, l'air atmosphérique contient encore un grand nombre d'émanations gazeuses, que nos instrumens actuels n'indiquent pas et qui peuvent influer puissamment sur notre santé. Ces émanations se forment surtout dans les basses régions des tropiques, où la matière organisée se développe plus rapidement, mais où ces mêmes débris organisés remplissent l'air de miasmes putrides et délétères. L'humidité de l'air, sa température constamment élevée, et l'absence du vent dans l'ombre des forêts, favorisent la formation de ces miasmes. Ils sont surtout fréquens dans ces vallées profondes des Andes, qui ressemblent à des crevasses de douze à quinze cents mètres (600 à 750 toises) de profondeur, et dans lesquelles le thermomètre monte par la réflexion de la chaleur rayonnante à quarante-deux degrés. Le séjour d'une heure y est souvent suffisant pour causer aux voyageurs les maladies les plus graves, tandis que les Indiens, habitans de ces vallées, accoutumés à ces mêmes miasmes, y jouissent de la santé la plus parfaite et la plus constante. Telle est l'admirable organisation de l'homme.

Diminution de la pesanteur.

La pesanteur terrestre diminue à mesure que l'on s'éloigne du centre de la terre. Cette diminution est déjà sensible sur les petites hauteurs que présentent les Cordillières; mais ces mêmes montagnes étant d'une densité très-différente, j'aime mieux déterminer le décroissement de la pesanteur par la théorie que par des expériences que j'ai faites dans des circonstances trop dissemblables. L'échelle exprime les oscillations d'un pendule simple dans le vide.

La longueur observée du pendule à secondes à Paris étant = 1,000000 ; celle du pendule à secondes sous l'équateur sera = 0,99669. Ces rapports dépendent des dimensions de la terre : le rayon de l'équateur = 6375703 mètres (3271208 toises); le rayon du pole = 6356671 mètres (3261443 toises); l'aplatissement = 19032 mètres (9765 toises); la longueur du degré (sous l'équateur) = 51077,70 toises, *Bouguer;* en France, lat. 51°332 = 51316,58 toises, *Méchain* et *Delambre;* en Suède, lat. 73° 707 = 51473,01 toises, *Melanderhielm.*

Soit N le nombre d'oscillations que fait dans un temps donné un pendule placé à l'équateur et à la surface de la terre; soit N' le nombre d'oscillations que fera dans le même temps le même pendule transporté verticalement à la hauteur h : cette hauteur étant exprimée en mètres, l'on aura

$$N' = N\left\{1 - \frac{579 \cdot h}{576 \cdot 6375793}\right\}.$$

On pourroit s'étonner peut-être que mon tableau ne fasse pas mention du décroissement des forces magnétiques à de grandes hauteurs. Mais les belles expériences de MM. Biot et Gay-Lussac ont suffisamment prouvé que ce décroissement n'est point sensible depuis le niveau de la mer jusqu'à six mille mètres (3000 toises) de hauteur. Les observations faites sur le sommet des Cordillières, sont affectées par des attractions locales. En faisant osciller mon aiguille d'inclinaison sur la montagne de la Guadeloupe, élevée de six cent soixante-seize mètres (338 toises) au-dessus des plaines de Santa-Fé, j'y observai deux oscillations de moins, en deux minutes de temps, que dans la plaine. Au

Cerro d'Avila, près de Caracas, à deux mille six cent trente-deux mètres (1316 toises) au-dessus de la mer, la diminution alla jusqu'à cinq oscillations ; et, au contraire, sur le volcan d'Antisana, à quatre mille neuf cent trente-quatre mètres (2417 toises) de hauteur, le nombre des oscillations, en dix minutes de temps, fut de 230, quand à la ville de Quito il ne fut que de 218 : ce qui indique un accroissement d'intensité. Ces anomalies ne peuvent être fondées que sur des circonstances locales. On peut consulter à ce sujet le mémoire que je viens de publier, avec M. Biot, sur les variations du magnétisme terrestre.

Degré de l'eau bouillante à diverses hauteurs.

Le degré de chaleur que prennent les liquides avant d'entrer en ébullition, dépend du poids de l'atmosphère, et ce poids variant avec les hauteurs au-dessus du niveau de la mer, chaque hauteur a son point d'ébullition correspondant. La table suivante exprime la loi de ce phénomène.

ÉLÉVATION EN MÈTRES.	HAUTEUR BAROMÉTRIQUE.	DEGRÉS DE L'EAU BOUILLANTE.	
		THERMOMÈTRE CENTIGRADE.	THERMOMÈTRE DE RÉAUMUR.
0^{mètres}	0°,7620	100°,0	80°,0
1000	0,6792	97,1	77,7
2000	0,6050	94,3	75,4
3000	0,5368	91,3	73,0
4000	0,4741	88,1	70,5
5000	0,4182	84,7	67,7
6000	0,3674	81,0	64,8
7000	0,3203	77,0	61,6

J'ai fait pendant mon voyage un grand nombre d'expériences sur le degré de l'eau bouillante sur le sommet des Andes. J'en publierai d'autres, faites par M. Caldas, natif de Popayan, physicien distingué, qui, avec une ardeur sans exemple, s'est livré à l'astronomie et à plusieurs branches de l'histoire naturelle. Ces expériences, peu intéressantes pour la théorie, ne peuvent servir que pour juger du degré d'exactitude dont seroient susceptibles les mesures des hauteurs par le thermomètre, si l'on avoit des instrumens qui indiquassent avec exactitude de petites fractions de degré. Depuis le niveau de la mer jusqu'à sept mille mètres (3500 toises), un degré d'abaissement de la température de l'eau bouillante est exprimé par trois cent quatre mètres (152 toises); mais de zéro à mille mètres, un degré équivaut à trois cent cinquante-sept mètres (185 toises). On peut admettre que, jusqu'à la hauteur du Mont-Blanc, un degré d'abaissement de température exprime à peu près dix lignes d'abaissement barométrique, ou trois cent quarante mètres d'élévation.

Vues géologiques.

La nature des roches est en général indépendante de la différence des latitudes et des hauteurs, soit que la température de l'air et sa pression barométrique aient peu influé sur l'état d'aggrégation des molécules, soit que la formation de la masse solide du globe ait précédé cet ordre de choses qui assigna à chaque région un climat particulier. Aussi la hauteur des montagnes les plus élevées est si peu considérable, par rapport au rayon de la terre, que ces petites différences de niveau n'ont pas pu modifier les grands phénomènes géologiques. En considérant le globe en grand, on seroit presque tenté de croire que toutes les roches peuvent se trouver à toutes les élévations.

Mais l'influence des hauteurs se manifeste lorsque l'on fixe ses regards sur une petite partie de la surface de la terre. C'est alors que l'on découvre que dans chaque région la direction et l'inclinaison des couches ont été déterminées par un système de forces particulier [1], et qu'il existe une certaine loi locale dans la hauteur à laquelle s'élèvent les différentes formations des roches au-dessus du niveau de la mer. On aperçoit que dans telle ou telle région les montagnes secondaires n'excèdent pas l'élévation de trois mille mètres (1500 toises); que les masses calcaires n'y sont pas couvertes de grès au-delà de dix-huit cents mètres (900 toises); que le schiste micacé ne s'y élève pas autant que le granit feuilleté, et que toute brèche qui dépasse telle ou telle hauteur, n'est composée que de masses primitives. Sur

---

[1] Dans les Andes de l'Amérique méridionale, dans la Cordillière de Venezuela et dans celle de Pavia, les roches primitives, surtout le granit feuilleté et le schiste micacé, affectent le plus souvent la direction, *hora* $3\frac{4}{8}$, de la boussole du mineur, c'est-à-dire, la direction de leurs couches fait le plus souvent un angle de cinquante-deux degrés, du nord à l'est, avec le méridien du lieu. Leur inclinaison est presque constamment au nord-ouest. Cette direction et cette inclinaison des roches schisteuses sont aussi très-communes dans les Alpes de la Suisse, dans le Fichtelgebirge, et sur les côtes de Gênes. Au Mexique, la direction la plus constante des roches primitives est *hora* 7 — 8 de la boussole de Saxe.

un petit terrain donné, on peut découvrir une limite supérieure des basaltes, du calcaire secondaire, ou du grès à base siliceuse, comme on y découvre une limite supérieure des sapins ou des chênes. Il suit de ces considérations qu'on ne peut former une échelle géologique pour les régions équatoriales, à moins qu'on ne veuille modeler la nature d'après des idées théoriques, c'est-à-dire, considérer comme des phénomènes généraux ce qui n'appartient qu'à une très-petite partie des Andes; j'ai cru cependant qu'il seroit intéressant pour le minéralogiste que mon tableau contînt quelques vues géologiques.

Les régions équatoriales de l'Amérique présentent à la fois les cimes les plus élevées, et les plaines les plus étendues et les plus basses du monde, contraste qui prouve assez que la rotation du globe n'est pas la cause de cet agroupement des montagnes près de l'équateur. Aussi sous le 60.e degré de latitude boréale, la Cordillière des Andes s'élève-t-elle de nouveau à une hauteur presque égale à celle que l'on observe dans le royaume de Quito.

La chaîne des Andes, dont le nom péruvien est *antis*, qui dérive d'*anta*, cuivre, s'approche presque également des deux pôles de notre globe. Ses extrémités n'en restent éloignées que de vingt-neuf à trente degrés de latitude. Elle s'étend depuis les îlots placés au sud de la Terre-de-feu, ou depuis le cap Horn, jusqu'au mont S. Élie, situé au nord-ouest du port Mulgrave, c'est-à-dire, depuis les 55° 58' de latitude australe jusqu'aux 60° 12' de latitude boréale. Elle a 2500 lieues de long, sur 30 à 40 de large.

L'élévation de la Cordillière des Andes est beaucoup plus inégale qu'on ne le croit communément. Il en existe des parties dans l'hémisphère austral, entre le Chimborazo et Loxa, dont la crête n'excède pas la hauteur du S. Gothard; il en existe dans l'hémisphère boréal, dans l'isthme de Panama, près de Cupiqué, qui ne s'élèvent pas à deux cents mètres (100 toises). Mais quatre fois la Cordillière atteint une masse et une élévation colossales. Sous le dix-septième degré de latitude australe, dans le Pérou, puis sous l'équateur même, dans le royaume de Quito, une troisième fois au Mexique, sous le 19.e degré de latitude boréale, enfin une quatrième fois, vis-à-vis de l'Asie, sous le 60.e degré de latitude, la hauteur des cimes excède celle du Mont-Blanc, et s'élève à cinq ou six mille mètres (2500 à 3000 toises) de hauteur. En général la chaîne des Andes, même dans les hauts plateaux de Quito et du Mexique, peut étonner notre imagination plus encore par sa masse que par sa hauteur. Au volcan d'Antisana, à quatre mille cent cinq mètres (2105 toises) d'élévation, j'ai trouvé une plaine qui a douze lieues de circonférence. La hauteur moyenne des hautes Andes près l'équateur, en faisant abstraction des pics qui s'élancent au-dessus de la crête, est de trois mille neuf cents à quatre mille cinq cents mètres (2000 à 2300 toises); et la hauteur moyenne de la crête des Alpes et des Pyrénées est de deux mille cinq cents à deux mille sept cents mètres (1300 à 1400 toises). La largeur moyenne de ces dernières chaînes n'est que de dix à douze lieues nautiques, tandis que celle des Andes est à Quito de vingt, et au Mexique et en quelques parties du Pérou de quarante à soixante lieues. Ces considérations sont plus propres à donner une idée exacte de la grande différence des *masses* des Andes, des Alpes et des Pyrénées, que la comparaison de leurs plus hautes cimes, qui sont de six mille trois cent soixante-douze mètres (3270 toises), de quatre mille sept cent cinquante-quatre mètres (2440 toises), et de trois mille quatre cent trente-quatre mètres (1764 toises).

La partie des Andes la plus élevée est celle qui se trouve située entre l'équateur et les 1° 45' de latitude australe. Ce n'est que dans ce petit espace du globe que l'on trouve des montagnes qui surpassent la hauteur de cinq mille huit cent quarante-sept mètres (3000 toises). Aussi n'y en a-t-il que trois cimes : le Chimborazo, qui excéderoit la hauteur de l'Etna, placé sur le sommet du Canigou, ou celle du S. Gothard, placé sur la cime du Pic de Ténériffe; le Cayambé, et l'Antisana. Les traditions des Indiens de Lican nous apprennent avec quelque certitude que la montagne de l'Autel (*Altar de los Collanes*), appelée par les indigènes *Capa-urcu*, étoit jadis plus élevée que le Chimborazo, mais qu'après une éruption continuelle de huit ans, sous le règne d'*Ouainia-Abomatha*, ce volcan s'affaissa. Aussi son sommet ne présente plus dans ses pics inclinés que les traces de la destruction.

Le Chimborazo, comme le Mont-Blanc, forme l'extrémité d'un groupe colossal. Depuis le Chimborazo, jusqu'à cent vingt lieues au sud, aucune cime n'entre dans la neige perpétuelle. La crête des Andes n'y a que trois mille cent à trois mille cinq cents mètres (16 à 1800 toises) d'élévation. Depuis le 8.ᵉ degré de latitude australe, ou depuis la province de Guamachuco, les cimes neigées deviennent plus fréquentes, surtout vers le Cusco et la Paz, où s'élèvent les pics élancés d'Ilimani et de Cururana. Au Chili aucune montagne n'a été mesurée, que je sache; et plus au sud, la Cordillière se rapproche si fort de l'Océan, que les îlots escarpés de l'Archipel des Huaytecas, peuvent être regardés comme un fragment détaché de la chaîne des Andes. Le cône neigé de Cuptana, le pic de Teyde de ces parages, s'y élève encore à deux mille neuf cents mètres (1500 toises). Mais plus au sud, vers le cap Pilar, les montagnes granitiques s'abaissent jusqu'à quatre cents mètres (200 toises), et même jusqu'à de moindres hauteurs. L'élévation des Andes, depuis le Chimborazo jusqu'au Nord, n'est pas moins inégale. Depuis 1° 45 de latitude australe jusqu'à 2° de latitude boréale, la Cordillière conserve la hauteur de cinq mille à cinq mille cinq cents mètres (2600 à 2800 toises). La province de Pasto est un des plateaux les plus élevés du globe: c'est le Thibet de l'Amérique. Plus au nord, la Cordillière se divise en trois chaînons. La plus orientale n'a pas de cimes neigées entre les 4.ᵉ et 10.ᵉ degrés de latitude: mais à son extrémité boréale, là où elle se détourne à l'est pour former la chaîne des montagnes de Caracas, se trouve le groupe colossal de Sainte-Marthe et de Mérida; groupe de quatre mille sept cents à cinq mille cent mètres (2400 à 2600 toises) de hauteur. Mais la branche la plus occidentale de la Cordillière des Andes, celle qui fournit le platine, s'abaisse dans l'isthme de Cupiqué et de Panama, depuis cent jusqu'à trois cents mètres (50 à 150 toises) d'élévation. Passant dans le royaume de Guatimala et du Mexique, sa hauteur moyenne y est de nouveau, depuis les 11.ᵉ et 17.ᵉ degrés de latitude, de deux mille sept cents à trois mille cinq cents mètres (1400 à 1800 toises). Mais sous le 19.ᵉ degré, dans les environs de la ville du Mexique, elle forme un groupe dont quelques cimes, comme le Popocatepec et le Pic d'Orizaba, excèdent cinq mille trois cents mètres (2700 toises) d'élévation. Dans le nord d'Anahuac et dans la Nouvelle-Biscaye, la Cordillière atteint à peine la hauteur des Pyrénées. Sous le 55.ᵉ degré de latitude boréale, des voyageurs anglois ne l'ont pas même trouvée au-delà de huit cents mètres (400 toises) de hauteur. On seroit tenté de croire qu'elle se perd entièrement vers le pôle boréal, si dans le voisinage de l'Asie, sous les 60° 21′ de latitude, nous ne connoissions pas le quatrième groupe, qui est presqu'aussi colossal que les autres; car le Pic Saint-Élie a cinq mille cinq cent douze mètres (2829 toises), et la montagne du Beau-temps quatre mille cinq cent quarante-sept mètres (2334 toises) de hauteur. C'est dans ces parages et à Analasca que les Andes paroissent avoir une communication sous-marine avec les volcans du Kamtschatka. Les montagnes de l'Asie orientale ne sont qu'une continuation de la chaîne de l'Amérique; et s'il est probable que la plus grande partie des habitans du nouveau continent sont de race mongole, si au Nord de l'Indostan, dans le haut plateau du Tibet, on doit chercher le berceau des arts, des fables religieuses et peut-être de toute civilisation humaine, il n'est pas moins intéressant de considérer ce même plateau comme le centre commun auquel se lient les Cordillières des deux continens.

J'ai esquissé à grands traits le contour de la haute chaîne des Andes. Quant à sa structure et à la nature des roches qui la composent, je dois me borner aux résultats suivans.

Les régions équatoriales réunissent toutes les roches que l'on a découvertes sur le reste du globe. Les seules formations que je n'y ai pas observées, sont la roche stéatiteuse que M. Werner désigne sous le nom de roche de Topaze, le mélange de pierre calcaire grenue et de serpentine que contient l'Asie mineure, l'oolite ou Rogenstein des Allemands, le *grau wakke* et la craie. Mais il n'existe pas seulement sur toute la surface de la terre une identité de roches; il existe aussi dans l'arrangement ou la superposition de ces masses une harmonie qui prouve que la nature agit partout d'après des lois aussi simples qu'universelles. Le granit, dans l'Amérique méridionale, constitue la base sur laquelle reposent les autres formations plus récentes. Il est à découvert au pied des Andes, sur les côtes de la mer du Sud, comme sur les côtes de l'océan Atlantique, entre les bouches de l'Orénoque et la rivière des Amazones. Il soutient la haute charpente des Andes, comme les formations secondaires des plaines. Le granit très-quartzeux, contenant peu de mica et de gros cristaux de feldspath, paroît plus ancien aux Andes que le granit à petits grains qui abonde en petites tables hexagones de mica. Tantôt en masses, tantôt divisé en bancs régulièrement inclinés et parallèles, enchâssant des masses rondes très-micacées, et devant leur origine à des attractions particulières entre les parties constituantes, le granit du Pérou ressemble à celui des hautes Alpes et de Madagascar. L'oxide rouge de titanium y est plus abondant que la tourmaline. La stéatite (*Speckstein*), la lépidolite et le sulfate de baryte, n'y ont pas encore été découverts comme faisant masse avec le granit. Sur cette roche, la plus ancienne du globe, et quelquefois alternant avec elle, se trouve le *gneuss* ou granit feuilleté. Il fait passage au schiste micacé, et celui-ci au schiste primitif. Le grenat dans ces régions est plus commun dans le granit feuilleté que dans le schiste micacé. Il se trouve même dans le beau porphyre qui, posé sur du schiste primitif, couronne la cime de la montagne argentifère du Potosi. La roche calcaire grenue, le schiste chloritique et le trapp primitif (mélange intime de feldspath et d'amphibole) forment souvent des couches subordonnées dans le granit feuilleté et dans le schiste micacé. Ce dernier est aussi répandu aux Andes que dans la haute chaîne des Alpes. Il contient souvent des couches de graphite, et sert de base à des formations de serpentine et de jade. On voit, ce qui n'a peut-être point encore été observé en Europe, alterner la serpentine avec de la syénite. La haute crête des Andes est partout couverte de formations porphyritiques, de basaltes, de phonolites et de roches vertes. Ce sont ces formations, souvent divisées en colonnes, qui lui donnent les formes grotesques de châteaux ruinés sous lesquelles cette Cordillière se présente lorsqu'on la decouvre de loin. Le feu volcanique se fait jour à travers ces roches porphyritiques; et c'est un problème difficile à résoudre pour le géologue, si ces porphyres, ces basaltes, ces amygdaloïdes poreuses, les obsidiennes et les pierres perlées, ont été formés par le feu, ou si ce sont des masses préexistantes sur lesquelles les volcans exercent leur action destructive.

L'identité de stratification qui règne sur la surface de notre globe, est plus frappante encore lorsqu'on compare les formations secondaires de l'Amérique méridionale et celles de l'ancien continent. La nature, constante dans son type, paroît avoir répété les mêmes phénomènes géologiques dans les plaines de l'Orénoque, sur les côtes de la mer du Sud, en France, en Pologne, et dans les déserts de l'Afrique. Au pied des Andes on découvre deux formations de grès très-distinctes, l'une à base siliceuse, enchâssant des masses primitives, et quelquefois du cinabre et des couches de charbon de terre; l'autre à base calcaire conglutinant des roches secondaires : deux formations de gypse, et trois de pierre calcaire secondaire. Des plaines de plus de soixante-dix mille lieues carrées sont couvertes d'un conglomérat ancien, qui renferme du bois fossile et de la mine de fer brune. Sur lui repose la pierre calcaire que l'on peut nommer celle des hautes Alpes, et qui contient des pétrifications marines à de très-grandes élévations. Elle est caractérisée par des couches fréquentes de schiste argileux et de petits filons de spath calcaire blanc. Elle sert de base à un gypse lamelleux, rempli de soufre et souvent muriatifère.

Après ce gypse suivent une autre formation calcaire, très-homogène, blanchâtre, quelquefois remplie de cavernes (analogue à la pierre calcaire du Jura, du Monte-Baldo et de la Palestine), puis un grès calcaire, puis un gypse fibreux sans muriate de soude, mais mêlé d'argile, et enfin des masses calcaires contenant de la pierre à fusil et de la pierre de corne. Ce type de formations secondaires se reconnoît difficilement dans ces immenses plaines entre l'Orénoque et le Rio-Negro, où tout ce qui couvroit jadis le conglomérat ancien paroît avoir été emporté par de grandes catastrophes. Mais il se manifeste dans la province de la Nouvelle-Andalousie (surtout dans la chaîne du Tumiriquiri) et au Mexique, où M. Del-Rio a fait les recherches les plus précieuses pour la géologie. Cependant, malgré cette identité de formation et de stratification dans les deux continens, les régions équatoriales présentent aussi plusieurs phénomènes qui leur sont particuliers. Un des plus frappans, sans doute, est l'immense hauteur à laquelle s'élèvent les roches postérieures au granit, et l'épaisseur des formations. En Europe, les hautes cimes des montagnes sont de granit. Le schiste micacé a rarement pu passer les limites de deux mille quatre cents mètres (1200 toises). Le granit se découvre au Mont-Blanc, à quatre mille sept cent cinquante-quatre mètres (2440 toises). Dans la Cordillière des Andes cette roche est cachée sous des formations postérieures. On voyageroit plusieurs années de suite dans le royaume de Quito et dans une partie du Pérou, sans apprendre à connoître le granit. Le point le plus élevé auquel je l'ai vu aux Andes, est dans celles de Quindiu, à trois mille cinq cents mètres (1796 toises). Les sommets glacés du Chimborazo, du Cayambé et d'Antisana, à six mille trois cent soixante-douze et cinq mille huit cent quarante-sept mètres (3270 et 3000 toises) d'élévation, sont de porphyre. La pierre calcaire secondaire s'élève, près de Micuipampa au Pérou, à trois mille sept cent trois mètres (1900 toises). Les grès de Huancavelica montent à quatre mille cinq cents mètres (2310 toises). Le schiste micacé des Andes de Tolima, dans le royaume de la Nouvelle-Grenade, se trouve à quatre mille quatre cent quatre-vingt-deux mètres (2300 toises); le basalte de Pichincha, près de la ville de Quito, à quatre mille sept cent trente-cinq mètres (2430 toises). L'endroit le plus élevé auquel on a trouvé des basaltes en Allemagne, est le sommet de la Schneekoppe en Silésie, à douze cent quatre-vingt-cinq mètres (660 toises) de hauteur. Les minéralogistes qui considèrent les porphyres du Chimborazo, les basaltes et les roches vertes, non comme altérées, mais comme produites par le feu des volcans, trouveront également intéressantes ces recherches sur les limites de hauteur[1] des formations; car il s'agit ici de l'état des choses telles qu'elles existent, et non de leur origine et de l'état primitif de notre planète.

Le charbon de terre forme des couches près de Santa-Fé,

---

[1] Observations géognostiques faites en Allemagne et en Italie, 1802, vol. I, pag. 122. Ouvrage de M. de Buch, rempli des idées les plus belles et les plus philosophiques sur la construction du globe. Il seroit à désirer qu'on le traduisît en françois.

dans les environs de la belle cascade de Tequendama, à deux mille six cent trente-trois mètres (1352 toises). Au Pérou, près de Huanuco, on assure avoir trouvé le charbon fossile dans la pierre calcaire dense, à quatre mille quatre cent quatre-vingt-deux mètres (2300 toises) de hauteur, donc presqu'au-dessus de toute végétation actuelle. Les plaines de Bogota sont remplies, à deux mille sept cents mètres (1400 toises) d'élévation, de grès, de gypse, de pierre calcaire coquillière, et, près de Zypaquira, même de sel gemme. J'ignore si jamais en Europe on a découvert du charbon de terre et du sel gemme au-delà de deux mille mètres (1027 toises) de hauteur. Quelle est la cause de cette accumulation des mêmes substances à des élévations si inégales sous l'équateur et dans les zones tempérées?

Les coquilles pétrifiées les plus élevées que l'on a découvertes dans l'ancien continent, sont celles du Mont-Perdu, sur la cime la plus haute des Pyrénées, à trois mille cinq cent soixante-six mètres (1828 toises) de hauteur. Dans les Andes, les débris de corps organisés sont en général assez rares, parce que la pierre calcaire abonde très-peu dans le voisinage de l'équateur. Cependant, près de Micuipampa, dont j'ai observé la latitude australe de 6° 45′ 38″, on a trouvé des coquilles pétrifiées, des cœurs, des *ostrea* et des échynites, deux cents mètres (103 toises) plus haut que la cime du pic de Ténériffe, à trois mille neuf cents mètres (2000 toises) d'élévation. A Huancavelica il en existe à quatre mille trois cents mètres (2207 toises).

Les os fossiles d'éléphans que j'ai rapportés de la vallée

du Mexique, de Suacha près de Santa-Fé, de Quito et du Pérou, et dans lesquels M. Cuvier a reconnu une espèce nouvelle et très-différente du Mammouth, ne se trouvent dans la Cordillière des Andes qu'à deux mille trois cents et deux mille neuf cents mètres (1181 et 1489 toises) de hauteur. Je ne connois pas d'exemple qu'on les ait découverts dans des régions plus basses; car les os de géans de la pointe Sainte-Hélène, près de Huayaquil, où j'ai fait faire des excavations, sont des débris de cétacés.

En Europe, des couches non interrompues, dont l'épaisseur excède mille mètres (514 toises), paroissent déjà très-rares. Au Mexique et au Pérou, sur la pente de la Cordillière et dans des vallées très-profondes, on découvre facilement que les roches porphyritiques ont trois mille cent à trois mille neuf cents mètres (1600 à 2000 toises) d'épaisseur. Celle des porphyres du Chimborazo est de trois mille sept cents mètres (1900 toises). Le grès des environs de Cuença a quinze cent soixante mètres (800 toises), et la formation de quartz pur qui se trouve à l'ouest de Caxamarca, et qui paroît particulière aux Andes, a deux mille neuf cents mètres (1500 toises) d'épaisseur. Aucune de ces formations n'est interrompue par d'autres roches hétérogènes. Un phénomène non moins intéressant, qui caractérise les régions équatoriales, est la grande abondance de porphyres contenant toujours de l'amphibole, jamais du quartz, et rarement du mica. Les grandes masses de soufre dont abonde la Cordillière, se trouvent souvent loin des volcans, non dans du gypse et dans des montagnes calcaires, mais dans des roches primitives. Je devrois encore citer la richesse des Andes en toute espèce de métaux (à l'exception du plomb): je devrois fixer l'attention des géologues sur les pacos, ou sur le mélange intime d'argile, d'oxide de fer, de muriate d'argent et d'argent natif; sur la différence de hauteur à laquelle la nature a déposé ses richesses au Pérou, à trois mille cinq cents et quatre mille cent mètres (1800 et 2100 toises), et au Mexique, à mille sept cents et deux mille cinq cents mètres (900 et 1300 toises); enfin sur l'abondance du mercure, dont on connoît des filons sans nombre, quoique peu travaillés avec succès. Mais ces objets ne peuvent pas être détaillés dans un tableau général. Je ne me permets d'ajouter qu'une seule considération. L'abondance des mines d'argent est si grande dans la Cordillière des Andes, que l'Amérique espagnole, qui aujourd'hui exporte annuellement pour trente-huit millions de piastres en or et en argent, pourra tripler ce produit à mesure qu'elle augmentera en population. Le Mexique, où l'industrie commence à se réveiller, donne aujourd'hui vingt-deux à vingt-cinq millions de piastres, au lieu de cinq à six millions, qui s'exploitèrent au commencement du dix-huitième siècle. Mais la richesse de l'Europe n'a pas augmenté dans la même progression; car la seule monnoie du Mexique a fourni depuis la conquête plus de dix-neuf cents millions de piastres, dont la plus grande partie existe aujourd'hui aux Indes orientales et en Chine.

Aucune partie du globe n'est plus agitée par le feu volcanique que la Cordillière des Andes. Depuis le Cap Horn jusqu'au Mont S. Élie, il existe plus de cinquante volcans qui jettent encore des flammes. Ceux qui sont les plus éloignés de la mer, sont le Popocatepec, dans le royaume de la Nouvelle-Espagne, et le Cotopaxi, dans la province de Quito. Mes observations de longitudes donnent, depuis le cratère du volcan de Popocatepec jusqu'à la côte la plus proche du golfe du Mexique (celle de Tecotutla), la distance de trente-sept lieues marines. Il y en a quarante depuis le Cotopaxi jusqu'à la mer du Sud. La nature de ces volcans des Andes est très-différente. Quelques-uns, et surtout les plus bas, vomissent des laves : d'autres, par exemple ceux de Quito, n'en produisent jamais ; mais ils lancent des roches scorifiées, de l'eau, et surtout de l'argile mêlée de carbone et de soufre. Dans une plaine du Mexique, à vingt-neuf lieues de distance de la mer du Sud, la nuit du 14 Septembre de l'année 1759, le grand volcan de Xorullo est sorti de terre, entouré de deux à trois mille petits cônes fumans. Il a acquis en peu de temps la hauteur[1] de quatre cent quatre-vingt-six mètres (249 toises) au-dessus de l'ancien niveau de la plaine. Son élévation au-dessus de l'Océan est de douze cent trois mètres (617 toises). Il brûle encore ; mais nous sommes parvenus, M. Bonpland et moi, jusqu'au fond de son cratère, pour y recueillir de l'air qui contenoit plus de 0,05 d'acide carbonique.

---

[1] La hauteur de ce volcan, le plus extraordinaire et le plus récent de tous, excède par conséquent plus de trois fois l'élévation de la grande pyramide de Cheops, en Égypte, qui n'a que cent quarante-deux mètres (73 toises). Elle excède huit fois la pyramide de Cholula, que les anciens Mexicains ont construite de briques, et dont je publierai les dessins.

Limite de la neige perpétuelle.

En considérant le décroissement du calorique dans l'atmosphère, nous avons vu qu'au-delà de la hauteur du Montblanc ce décroissement paroît suivre la même loi dans les zones tempérées que sous les tropiques. On pourroit supposer qu'en ces régions très-élevées la chaleur rayonnante que renvoie la surface du globe, devient presque insensible, et que leur température dépend presque uniquement de la décomposition des rayons solaires dans l'air, qui affoiblit la lumière en raison de sa densité. Il n'en est pas de même dans les basses régions de l'atmosphère. Depuis le niveau de la mer jusqu'à cinq mille mètres (2565 toises) d'élévation, le décroissement du calorique, en prenant la température moyenne de toute l'année, paroît dévier de la loi qu'il suit à de plus grandes élévations. Les couches d'air dans lesquelles les neiges ne fondent pas, se trouvent à différentes hauteurs, selon la distance du lieu au pôle; mais leur température moyenne doit être la même. Or connoissant le décroissement du calorique sous l'équateur, depuis la mer jusqu'aux limites des neiges perpétuelles, décroissement de deux cents mètres (103 toises) par degré centigrade, cette hypothèse nous donne approximativement la limite inférieure des neiges sous d'autres latitudes. Il s'agit de chercher la hauteur d'une couche d'air dont la température moyenne soit + 0°,4, qui est celle qui règne sous l'équateur, là où commencent les neiges. Soit 12°,5 la température moyenne des basses régions sous le 45.ᵉ degré de latitude : on aura 200 (12°,5 — 0°,4) = 2420 mètres ; résultat qui, à quatre-vingts ou cent mètres (41 à 51 toises) près, est conforme à ce que l'on observe dans la nature même. Un endroit de l'Europe boréale dont la température moyenne, au niveau de la mer, seroit de + 4°, auroit la neige perpétuelle à sept cent vingt mètres (370 toises) de hauteur. En général, cette limite, exprimée en mètres, se trouveroit en prenant deux cents fois la température moyenne des basses régions. Une formule dans laquelle la latitude entreroit comme fonction, seroit moins exacte, parce que le climat physique est souvent très-indépendant de la position astronomique d'un endroit. Cette même considération que je présente, nous offre ainsi l'avantage de trouver la température moyenne d'un pays, étant donnée la hauteur de ses neiges, et de la trouver par un multiple.

Mais abandonnons des hypothèses qui ne se fondent encore que sur un petit nombre de faits, et voyons ce que nous présente l'observation même. Sous l'équateur la limite inférieure des neiges est un des phénomènes les plus constans que présente la nature. Bouguer la place à quatre mille sept cent quarante-quatre mètres (2434 toises). Le terme moyen d'un grand nombre de mesures m'a donné quatre mille sept cent quatre-vingt-quinze mètres (2460 toises); différence qui résulte de la hauteur que nous assignons, M. Bouguer et moi, au signal de Caraburu, et au baromètre placé au niveau de la mer. D'ailleurs les académiciens ont très-bien observé que dans une région où la température est toute l'année la même, les neiges ne varient pas de cinquante à soixante mètres (26 à 31 toises), et qu'elles forment une ligne horizontale bien tranchée, sans se prolonger dans les vallées. On n'avoit jamais déterminé la hauteur de la neige permanente sous le 20.ᵉ degré de latitude boréale, et l'on pourroit soupçonner que l'abaissement depuis l'équateur seroit assez considérable. J'ai trouvé au Mexique, par des mesures géométriques exécutées au volcan de Popocatepec, à l'Itzaccihuatl, au Pic d'Orizava, au Nevado de Toluca, et au Cofre de Pérote, que les glaces perpétuelles commencent à quatre mille six cents mètres (2360 toises); la différence avec l'équateur n'est donc encore que de deux cents mètres (103 toises). Mais il tombe partiellement de la neige au Mexique sous les 19 — 22 degrés de latitude, deux mille cent mètres (1078 toises) plus bas qu'à Quito; ce qui prouve que les refroidissemens momentanés de l'atmosphère de ces deux pays sont très-différens, quand leur température moyenne ne varie que de très-peu. Comme le climat du Mexique se rapproche déjà beaucoup de celui des régions tempérées, la neige perpétuelle y fait des oscillations très grandes. Je l'ai trouvée au volcan de Popocatepec, en Juillet, à quatre mille cinq cent vingt-trois mètres (2372 toises); mais elles descendent en Février à trois mille huit cent vingt-quatre mètres (1962 toises). La Cordillière des Andes n'a pas de glaciers; c'est une beauté qui manque à cette partie des tropiques. Le défaut d'une suffisante quantité de neige, car il en tombe peu à la fois sous l'équateur, et la constance de la température, se sont opposés sans doute à la formation des glaciers, dont l'existence d'ailleurs est indépendante de la hauteur à laquelle ils se trouvent. Mais au Chimborazo, en creusant dans la terre, on découvre, sous des bancs de sable très-épais, des neiges d'une haute anitquité. Nous ignorons la hauteur des neiges permanentes sous les 25.e et 30.e degrés de latitude. En Europe elle est, sous les 42.e et 46.e degrés, à deux mille cinq cent trente-quatre mètres (1300 toises) d'élévation sur mer. J'ai examiné cette loi de l'abaissement des neiges dans un mémoire particulier, lu à la première classe de l'Institut national au mois de Nivôse an 13.

Distance à laquelle on peut apercevoir les montagnes sur mer.

La distance à laquelle on commence à apercevoir une montagne sur mer, dépend de sa hauteur, de la courbure de la terre et de la réfraction terrestre. La dernière étant un élément très-variable, l'échelle a été calculée sans y avoir égard. Mais quelque extraordinaires que puissent être les phénomènes de ces réfractions, il ne faut pas oublier que sur mer l'incertitude du point, ou de la position du navire, a quelquefois fait croire qu'on a vu des objets à des éloignemens beaucoup plus grands qu'ils se trouvoient effectivement. Il en est de même de l'effet des courans, dont le navigateur exagère souvent la force, parce que, par erreur ou par manque d'observation astronomique, il se trouve dans un endroit dont il se croyoit très-éloigné.

Sous les tropiques, où j'ai trouvé les réfractions terrestres singulièrement constantes, les angles de hauteur peuvent être d'un grand secours pour le navigateur. Le Pic de

Ténériffe, celui des Açores, le volcan d'Orizava sur les côtes du Mexique, la Silla de Caracas et les montagnes neigées de Sainte-Marthe, à l'est de Carthagène des Indes, sont des signaux que la nature, pour ainsi dire, paroît avoir élevés pour guider le pilote. Connoissant la hauteur de ces cimes et leur position astronomique, des observations très-simples peuvent fixer le lieu du vaisseau. M. de Churruca a calculé des tables pour les distances auxquelles le Pic de Ténériffe s'aperçoit sous tel ou tel angle de hauteur.

L'échelle que je présente offre en même temps à l'imagination la vaste étendue de terrain que l'œil peut découvrir de la haute cime des Cordillières. Cette étendue auroit été pour moi, au point auquel je suis monté vers la cime du Chimborazo, d'un diamètre de quatre-vingt-sept lieues nautiques; elle auroit été pour M. Gay-Lussac de cent six lieues : mais les nuages et les vapeurs nous ont dérobé à tous deux la vue des basses régions.

Diversité des animaux, selon la hauteur du sol qu'ils habitent.

Pour compléter le tableau physique des régions équatoriales, j'ai développé dans la quatorzième échelle la diversité des animaux qui vivent à différentes hauteurs dans la Cordillière des Andes. On y trouve indiqués, dans l'intérieur du globe, les dermestes, qui rongent les fonges souterrains. L'Océan nourrit les bandouillères, les coryphènes, et d'autres poissons qui sucent la partie gélatineuse des fucus. Depuis le niveau de la mer jusqu'à mille mètres (513 toises), dans la région des palmiers et des scitaminées, on découvre le paresseux, qui vit sur le *cecropia peltata;* les boa et les crocodiles, qui dorment au pied des *conocarpus* et de l'*anacardium caracoli*. C'est là que le *cavia capybara* se cache dans des marais couverts d'*heliconia* et de *bambusa,* pour se dérober à la poursuite du *jaguar;* le *crax,* le *tanayra* et les perroquets, s'y perchent sur le *caryocar* et le *lecythis*. C'est là que l'on observe l'élater noctilucus qui se nourrit de la canne à sucre, et le *curculio palmarum* qui vit dans la moelle du cocotier. Les forêts de ces régions brûlantes retentissent des hurlemens des alouates et d'autres singes sapajoux. Le *jaguar,* le *felis concolon,* et le tigre noir de l'Orénoque, plus sanguinaire encore que le *jaguar,* y chassent le petit cerf (*c. mexicanus*), les *cavia* et les fourmilliers, dont la langue est fixée au bout du sternum. L'air de ces basses régions, surtout dans les bois et sur les bords des fleuves, est rempli de cette innombrable quantité de maringouins (*mosquitos*), qui rendent presque inhabitable une grande et belle partie du globe. Aux *mosquitos* se joignent l'*œstrus humanus,* qui dépose ses œufs dans la peau de l'homme, et y cause des enflures douloureuses; les acari, qui sillonnent le cutis, les araignées venimeuses, les fourmis et les termes, dont la redoutable industrie détruit les travaux des habitans. Plus haut, de mille à deux mille mètres (513 à 1026 toises), dans les régions des fougères arborescentes, presque plus de *jaguar,* plus de boa, plus de crocodiles ni de lamentins, peu de singes; mais abondance de tapir, de *sus tajassu* et de *felis pardalis*.

L'homme, le singe et le chien, y sont incommodés par une infinité de chiques (*pulex penetrans*), qui sont moins abondantes dans les plaines. Depuis deux jusqu'à trois mille mètres (1026 à 1539 toises), dans la région supérieure des quinquina, plus de singes, plus de *cervus mexicanus*; mais le *felis tigrina*, les ours et le grand cerf des Andes. Les poux abondent malheureusement à cette hauteur, qui est celle de la cime du Canigou. Depuis trois jusqu'à quatre mille mètres (1539 à 2052 toises), se trouvent la petite espèce de lion que l'on désigne par le nom de *puma* dans la langue Quichoa, le petit ours à front blanc, et quelques viverres. J'ai vu souvent avec étonnement des colibris à la hauteur du Pic de Ténériffe. La région de l'*espeletia frailexon* et celle des graminées, depuis quatre jusqu'à cinq mille mètres (2052 à 2565 toises) de hauteur, est habitée par des bandes de vigognes, de *guanaco* et d'*alpaca*. Les lamas ne se trouvent qu'en état de domesticité; car ceux qui vivent à la pente occidentale du Chimborazo, sont devenus sauvages lors de la destruction de Lican par l'inca Tupayupangi. La vigogne préfère surtout les endroits où la neige tombe de temps en temps. Malgré la persécution qu'elle éprouve, on en voit encore des bandes de trois à quatre cents, surtout dans les provinces de Pasco, aux sources de la rivière des Amazones, dans celle de Guailas et de Caxatambo, près de Gorgor. Cet animal abonde aussi près de Huancavelica, aux environs de Cusco et dans la province de Cochabamba, vers la vallée de Rio-Cocatages. On l'y trouve partout où le sommet des Andes s'élève au-dessus de la hauteur du Mont-Blanc. C'est un phénomène de la géographie des animaux très-frappant, que celui de voir les *alpaca*, les vigognes et des *guanaco*, suivre toute la chaîne des Andes, depuis le Chili jusqu'au 9.ᵉ degré de latitude australe, et de ne plus en observer depuis ce point au nord, ni dans le royaume de Quito, ni dans les Andes de la Nouvelle-Grenade. L'autruche de Buenos-Ayres présente un phénomène analogue. Il est difficile de concevoir pourquoi cet oiseau ne se trouve pas dans les vastes plaines au nord de la Cordillière de Chiquitos, où les bois épais sont entremêlés de quelques savanes. La limite inférieure de la neige perpétuelle est, pour ainsi dire, la limite supérieure des êtres organisés. Quelques plantes licheneuses végètent encore sous les neiges; mais le condor (*vultur gryphus*) est le seul animal qui habite ces vastes solitudes. Nous l'avons vu planer à plus de six mille cinq cents mètres (3335 toises) de hauteur. Quelques sphinx et des mouches, observés à cinq mille neuf cents mètres (3027 toises), m'ont paru portés involontairement dans ces régions par des courans d'air ascendans. M. Ramond en a trouvé autour du lac du Mont-Perdu. Saussure en a vu aussi à la cime du Mont-Blanc. Je me flatte que mon échelle zoologique contient les premiers matériaux pour un tableau que l'on pourroit former de la géographie des animaux; tableau analogue à celui que j'ai exécuté pour les plantes. L'ouvrage classique de M. Zimmermann indique la patrie des animaux, d'après la différence des latitudes qu'ils habitent. Il seroit intéressant de fixer dans un profil les différentes hauteurs auxquelles ils s'élèvent sous la même latitude.

Culture du sol.

Nous avons analysé jusqu'ici les phénomènes physiques que présentent les régions équatoriales ; nous avons examiné les modifications de l'atmosphère, les productions végétales du sol, les animaux qui vivent à différentes hauteurs, et la nature des roches qui composent la Cordillière. Jetons les yeux sur l'homme et les effets de son industrie. Depuis le niveau de l'Océan jusque tout près des glaces perpétuelles, notre espèce est répandue sur la pente des montagnes. La partie du Pérou que les incas, dans la division politique de leur empire, nommèrent Antisuyu, est même plus habitée que Cuntisuyu ou la plaine. La civilisation des peuples est presque constamment en raison inverse de la fertilité du sol qu'ils habitent. Plus la nature oppose de difficultés à surmonter, plus rapidement se développent les facultés morales. Les habitans d'Anahuac (ou du Mexique), ceux de Cundinamarca (ou du royaume de Santa-Fé), et ceux du Pérou, formoient déjà de grandes associations politiques, ils jouissoient d'une culture semblable à celle de la Chine et du Japon, tandis que les hommes erroient encore nus et épars dans les bois qui couvrent les plaines à l'est des Andes. Mais si la civilisation de notre espèce fait plus tôt des progrès dans les régions boréales qu'au milieu de la fertilité des tropiques, si cette civilisation commença plus tôt sur la haute cime des Cordillières qu'aux bords des grandes rivières, pourquoi des peuples déjà civilisés et agricoles ne se portent-ils pas vers des climats où la nature produit spontanément ce qui, sous un ciel moins propice, n'est dû qu'au travail le plus fatigant ? Qu'est-ce qui peut déterminer les hommes à labourer un terrain pierreux et stérile, à trois mille cinq cents mètres (1796 toises) de hauteur, lorsque plus bas de vastes plaines sont désertes ? Qu'est-ce qui les engage à habiter des plateaux où la neige tombe dans toutes les saisons, et où, sous un ciel froid et brumeux, le sol est dénué de végétaux ? L'habitude et l'amour du site natal : voilà les seuls motifs que l'on puisse citer.

En Europe les villages les plus élevés sont à seize cents ou dix-neuf cents mètres (800 — 1000 toises) d'élévation sur le niveau de l'Océan ; car dans les Alpes de la Suisse et de la Savoie, on trouve :

	mètres.	toises.
Le village de Breuil, dans la vallée du Mont-Cervin, à	2007	1030.
Celui de Saint-Jacques de Val d'Ayas, à	1631	837.
Celui de Saint-Remi, à	1604	823.
Celui d'Eleva, sur la pente du Cramont, à	1308	672.
Celui de Lans-le-Bourg, à	1388	712.
Celui de Formaza, à	1263	648.

Dans les Pyrénées on trouve, d'après M. Ramond :

Le village de Heas, à	1465	752.
Celui de Gavarnie, à	1444	741.
Celui de Barège, à	1290	662.

Plus haut, dans nos montagnes d'Europe, il n'y a que des chalets que les pasteurs habitent en été. Dans la Cordillière des Andes, au contraire, les villes de Pasco, de

Huancavelica et de Micuipampa, sont construites presqu'à la hauteur du Pic de Ténériffe. La métairie d'Antisana, dans le royaume de Quito, est située à quatre mille cent sept mètres (2107 toises), et elle est sans doute un des endroits habités les plus élevés de la terre.

La culture du sol dépend de la variété des climats, qui est l'effet de la hauteur. Depuis le niveau de l'Océan à mille mètres (513 toises) d'élévation, les indigènes cultivent des bananiers, du maïs, du jatropha et du cacao. C'est la région des ananas, des oranges, des *mammea* et des fruits les plus délicieux. Les peuples européens y ont introduit le sucre, le coton, l'indigo et le café; mais ces nouvelles branches d'agriculture, loin d'être bienfaisantes, ont augmenté l'*immoralité* et les *malheurs* de l'espèce humaine. L'introduction des *esclaves* africains, en désolant une partie de l'ancien continent, est devenue une source de discorde et de vengeance pour le nouveau.

Depuis mille jusqu'à deux mille mètres (513 à 1026 toises), le sucre, l'indigo, le bananier et le jatropha manihot, deviennent plus rares. Le café préfère un climat moins brûlant, et se plaît dans des sites élevés et pierreux. Le coton y vient encore en abondance, mais non le cacao et l'indigo, qui demandent de fortes chaleurs. Le sucre, dans le royaume de Quito, se cultive, et même avec avantage, jusqu'à deux mille cinq cent trente-trois mètres (1300 toises) de hauteur; mais il lui faut alors des sites où le soleil est réverbéré par des plaines étendues. Cette même région tempérée est la plus agréable pour le colon européen. Il y jouit d'une température de printemps perpétuelle, et tous les fruits, surtout ceux de l'*annona chylimoya,* sont les plus délicieux. A mille mètres (513 toises) de hauteur, commence la culture du blé d'Europe. Ces graminées nourrissantes, les céréales, qui accompagnent les peuples de la race du Caucase depuis des milliers d'années, supportent, comme l'homme, aussi bien les grandes chaleurs des tropiques que le froid des cimes voisines de la neige perpétuelle. Dans l'île de Cuba, à vingt-trois degrés de latitude, le froment se cultive, même en abondance, à cent cinquante mètres (77 toises) d'élévation au-dessus de la mer. Dans la province de Caracas, à dix degrés de latitude, entre Turmero et la Victoria, à cinq cents mètres (256 toises), on trouve de beaux champs semés en froment. Les vallées d'Aragua y présentent le spectacle frappant du sucre, de l'indigo, du cacao et du blé d'Europe, cultivés dans la même plaine. Mais pour que le froment, aux tropiques, donne des moissons abondantes dans des régions si peu élevées sur le niveau de la mer, il faut une exposition et une réunion de circonstances particulières. La vraie hauteur à laquelle il produit partout, est au-dessus de mille trois cent soixante-quatre mètres (700 toises). Au Mexique, par exemple, à Xalappa, dont j'ai observé la latitude de 19° 30′ 46″, le *triticum* croît à treize cent quatorze mètres (674 toises). On s'en sert pour la nourriture du bétail, mais son épi est presque sans graines. Sur la pente orientale des montagnes d'Anahuac, la culture du froment ne commence qu'à Pérote, à deux mille trois cent trente-trois mètres (1197 toises). Sur la pente occidentale, au contraire, vers la mer du Sud, je l'ai vue descendre jusque dans la belle vallée de Chilpanzingo, à douze cent quatre-vingt-douze mètres (663 toises). Dans d'autres parties du Mexique, comme aussi au Pérou, à Quito et dans le royaume de Santa-Fé, le blé d'Europe croît le plus abondamment depuis seize jusqu'à dix-neuf cents mètres (821 à 975 toises) d'élévation. Il y produit, année commune, plus de vingt-cinq à trente graines pour une. Au-dessus des dix-sept cent cinquante mètres (900 toises), le bananier donne difficilement des fruits mûrs; mais la plante se trouve encore à deux mille cinq cents mètres (1300 toises), quoique peu vigoureuse. La région comprise entre les seize et dix-neuf cents mètres (821 et 975 toises), est aussi celle dans laquelle l'*erythroxylum peruvianum* se cultive le plus abondamment : cette plante est la *cocca*, dont quelques feuilles, mêlées à de la chaux caustique, nourrissent l'Indien péruvien dans ses courses les plus longues dans la Cordillière. C'est de deux à trois mille mètres (1026 à 1539 toises) que règne principalement la culture des blés d'Europe et du *chenopodium quinoa*. Cette culture est favorisée par les grands plateaux que présente la Cordillière des Andes à cette élévation, et dont plusieurs ont quatre-vingts jusqu'à cent lieues quarrées. Leur sol, uni et facile à labourer, annonce qu'ils ont été les fonds d'anciens lacs. A trois mille cent et trois mille trois cents mètres (1600 — 1700 toises) de hauteur, les gelées et la grêle font souvent manquer les récoltes du blé. Le maïs ne se cultive presque plus au-delà des deux mille trois cent trente-neuf mètres (1200 toises).

Depuis trois jusqu'à quatre mille mètres (1539 à 2052 toises), l'objet principal de la culture est la pomme de terre (le *solanum tuberosum*). Vers les trois mille trois cents mètres (1693 toises), le froment ne vient plus ; on n'y sème que de l'orge, et même elle y souffre beaucoup du manque de chaleur. Au-dessus de trois mille six cents mètres (1847 toises) cessent toute culture et tout jardinage. Les hommes y vivent au milieu de nombreux troupeaux de *lamas*, de brebis et de bœufs, qui, en s'égarant, se perdent quelquefois dans la région des neiges perpétuelles. Cette échelle de la culture du sol, qui n'a été qu'ébauchée, offre le tableau de l'industrie de l'homme depuis les mines jusqu'aux plus hauts sommets des Cordillières.

Hauteurs mesurées dans différentes parties du globe.

Tous les résultats physiques développés dans le cours de cet ouvrage, étant liés à des idées de hauteur, il paroissoit naturel d'ajouter un certain nombre de mesures exécutées en différentes parties du globe, pour servir de comparaison à celles faites dans la Cordillière des Andes. Je les ai réunies dans le tableau qui embrasse l'ancien et le nouveau continent, et je ne doute pas que ces comparaisons ne fassent naître des rapprochemens très-curieux dans l'esprit de ceux qui s'occupent des grands phénomènes de la nature.

Le dessin même indique les plus grandes hauteurs auxquelles les hommes se sont élevés depuis la surface de la mer. On y trouvera marqué le voyage de Saussure au Mont-

Blanc, à quatre mille sept cent cinquante-six mètres (2440 toises); celui de Bouguer et la Condamine, au Corazon, à quatre mille huit cent quatorze mètres (2470 toises), et le point du Chimborazo, auquel nous sommes parvenus le 23 Juin 1802, à cinq mille neuf cent neuf mètres (3032 toises). Mais toutes ces élévations paroissent petites encore, lorsqu'on considère celle que M. Gay-Lussac a atteinte, seul, en ballon, au-dessus de Paris, le 16 Septembre 1804. Il s'est élevé à sept mille seize mètres (3600 toises) de hauteur, par conséquent près de six cents mètres (308 toises) plus haut que le sommet de la montagne la plus élevée du globe. Ce voyage, qui offre un bel exemple de courage et de dévouement pour les sciences, a fourni des faits importans pour la théorie du magnétisme et la connoissance chimique de l'atmosphère.

TABLE DES HAUTEURS.

Les nombres mis en parenthèse indiquent que la mesure est douteuse. La lettre H. indique mes propres observations, soit barométriques, soit géodésiques. Quelques-unes de celles-ci subiront sans doute des changemens dans la publication de mes mesures et de mes observations astronomiques, d'autres occupations ne m'ayant pas encore permis de vérifier tous les calculs d'après la formule de M. Laplace, et de leur donner le degré d'exactitude dont ils seront susceptibles dans la suite.

	LIEUX MESURÉS.	AU-DESSUS DU NIVEAU DE LA MER.		NOMS DES OBSERVATEURS.
		EN MÈTRES.	EN TOISES.	
A.	En Amérique. Chimborazo.	6544	3358	*Humboldt*, calculant une partie de la hauteur d'après la formule barométrique de M. Laplace.
		6275	3220	*Bouguer, la Condamine.*
		6587	3380	Don *Jorge Juan.*
	Cayambé.	5905	3030	*Bouguer, la Condamine.*
		5954	3055	*H.*
	Antisana.	5833	2993	*H.*
		5878	3016	*Bouguer.*
	Cotopaxi.	5753	2952	*Bouguer.*
	Rucu Pichincha.	4868	2498	*H.* (form. de M. Laplace).
		4816	2471	Don *Jorge Juan.*
	Guagua Pichincha.	4740	2432	*La Condamine.*
	Tungurahua, après les éruptions de 1772 et le tremblement de terre de 1797.	4958	2544	*H.*
	Avant ces catastrophes	5106	2620	*La Condamine.*¹

¹ Les méthodes employées dans le calcul barométrique influent aussi dans cette différence, qu'il ne faut pas attribuer uniquement aux affaissemens.

LIEUX MESURÉS.	AU-DESSUS DU NIVEAU DE LA MER.		NOMS DES OBSERVATEURS.
	EN MÈTRES.	EN TOISES.	
En Amérique. Ville de Quito [1]	2935	1506	*H.* (form. de M. Laplace).
Ville de Santa-Fé-de-Bogota.	2625	1347	*H.*
Ville de Mexico	2294	1177	*H.* (form. de M. Laplace).
Ville de Popayan	1756	901	*H.*
Ville de Cuença	2514	1290	*H.*
Ville de Loxa	1960	1006	*H.*
Ville de Caxamarca (Pérou)	2748	1410	*H.*
Ville de Micuipampa (Pérou).	3557	1825	*H.*
Ville de Caracas	810	416	*H.*
Métairie d'Antisana	4095	2101	*H.* (form. de M. Laplace).
Popocatepec (volc. du Mexiq.).	5387	2764	*H.*
Itzaccihuatl (ou la Sierra nevada du Mexique)	4796	2461	*H.*
Sitlaltepetel (ou le Pic de Orizaba)	5305	2722	*H.*
Nauvpantepetel (ou Cofre de Perote)	4026	2066	*H.*
Nevado de Toluca (au Mexique).	4607	2364	*H.*
Volcan de Xorullo (sorti de terre en 1759)	1204	618	*H.*
Mont S. Élie	5513	2829	Expédition de MM. *Quadra* et *Galeano.*
Montagne du Beau-temps. { à la côte nord-ouest de l'Amérique, sous les 60° 21′ de latitude boréale. }	4549	2334	
Volcan d'Arequipa (Pérou)	2693	1382	*Espinosa.*
Pic du Duida, { près des sources de l'Orénoque. }	2551	1309	*H.*
Silla de Caracas	2564	1316	*H.*
Tumiriquiri. { Montagne de grès de la province de la Nouvelle-Andalousie. }	1902	976	*H.*
Cime des montagnes bleues de la Jamaïque	2218	1138	*Edward.*

[1] M. La Condamine trouva Quito, par l'opération exécutée à Niguas, de quatre-vingt-neuf mètres (51 toises) plus bas, et cette moindre hauteur, comme la formule barométrique de Bouguer et la supposition d'une réfraction trop forte, influe sur la hauteur que les académiciens assignent au Chimborazo.

DES RÉGIONS ÉQUATORIALES.

	LIEUX MESURÉS.		AU-DESSUS DU NIVEAU DE LA MER.		NOMS DES OBSERVATEURS.
			EN MÈTRES.	EN TOISES.	
B.	DANS LA MER DU SUD.	Mowna-Roa (aux îles Sandwich)	5024	2578	*Marchand.*
C.	EN ASIE....	Mont Liban . { la cime Tummel-Mézereb. }	2906	1491	*La Billardière*; Icones plant. Syriæ, dec. I, p. 5.
		Ophyr (à l'île de Sumatra)..	3950	2027	*Marsden.*
D.	EN AFRIQUE.[1]	Pic de Teyde........	3705	1901	*Cordier.*
			3701	1899	*Johnstone.*
			3689	1893	*Borda* (form. de Shukburg).
			(4313)	(2213)	*Feuillé* (géométriquem.).
			(4687)	(2405)	*Heberden* (géométr.).
			(5180)	(2658)	*Man. Hernandez* (géom.)
E.	EN EUROPE, AUX ALPES.	Mont-Blanc	4775	2450	*Saussure* (formule de Shukburg).
			4728	2426	*Pictet* (géométr.).
			4660	2391	*Deluc* (géom. et barom.).
		Mont-Rose.........	4736	2430	*Saussure.*
		Ortler, en Tyrol	4699	2411	Un peu douteuse.
		Finsterahorn........	4362	2238	*Tralles.*
		Jungfrau...........	4180	2145	*Tralles.*
		Mönch............	4114	2111	*Tralles.*
		Aiguille d'Argentière.....	4081	2094	*Saussure.*
		Schreckhorn	4079	2093	*Tralles.*
		Eiger	3983	2044	*Tralles.*
		Breithorn	3902	2002	*Tralles.*
		Grofsglockner, en Tyrol. ..	3898	2000	Un peu douteuse.
		Alt-Els	3713	1905	*Tralles.*
		Frau.............	3699	1898	*Tralles.*
		Aiguille du Dru	3794	1947	*Saussure.*
		Wetterhorn.........	3720	1909	*Tralles.*
		Doldenhorn	3666	1881	*Tralles.*
		Rothorn..........	2935	1506	*Saussure.*
		Le Cramont	2732	1402	*Saussure.*
		Selgemme de Wasserberg, en Tyrol............	1652	848	*Buch.*

[1] Le mont de Salazes, dans l'île de la Réunion, a été trouvé par Lacaille de trois mille trois cents mètres (1693 toises); mais la mesure est douteuse : le *Tafelberg*, de mille cinquante-quatre mètres (542 toises).

LIEUX MESURÉS.		AU-DESSUS DU NIVEAU DE LA MER.		NOMS DES OBSERVATEURS.
		EN MÈTRES.	EN TOISES.	
Aux Alpes.	Selgemme de Saint-Maurice, en Savoie	2188	1123	*Saussure.*
	Passages des Alpes qui conduisent d'Allemagne, de Suisse et de France, en Italie :			
	Au Mont-Cervin	3410	1750	*Saussure.*
	Au col de Seigne. . . .	2461	1263	*Saussure.*
	Au col Terret.	2321	1191	*Saussure.*
	Au Mont-Cenis.	2066	1060	*Saussure.*
	Au petit S. Bernard. . .	2192	1125	*Saussure.*
	Au grand S. Bernard. . .	2428	1246	*Saussure.*
	Au Simplon.	2005	1029	*Saussure.*
	Au S. Gothard	2075	1065	*Saussure.*
	Au Splügen.	1925	988	*Scheuchzer.*
	Les Taures de Rastadt dans le pays de Salzbourg. .	1559	800	*Moll.*
	Au Brenner, en Tyrol . .	1420	729	*Buch.*
	Col-de-Géant	3426	1758	*Saussure.*
	Grimsel	2134	1095	*Tralles.*
	Scheidek.	1964	1008	*Tralles.*
	Pettine, cime du S. Gothard. .	2722	1397	*Saussure.*
	Buet.	3075	1578	*Saussure.*
	Dôle (du Jura).	1648	846	*Saussure.*
	Montanvert.	1859	954	*Saussure.*
	Fourche de Betta	2633	1351	*Saussure.*
	Watsmann.	2941	1509	*Beck.*
	Untersberg.	1800	924	*Schieg.*
	Hohestaufen	1793	920	*Schieg.*
	Roches du Pass-Lug. . . .	2161	1109	*Moll.*
	Schneeberg, près de Sterzing .	2522	1294	*Buch.*
	Cime du Brenner, en Tyrol . .	2066	1060	*Buch.*
F. Au nord des Alpes, en Allemagne.	Schneekoppe	1608	825	*Gersdorf.*
	Grofse Rad.	1512	776	*Gersdorf.*
	Tafelfichte.	1150	590	*Gersdorf.*
	Zobtenberg.	721	370	*Gersdorf.*
	Hohe Eule.	1079	554	*Gersdorf.*
	Brocken	1062	545	*Deluc.*

DES RÉGIONS ÉQUATORIALES. 151

	LIEUX MESURÉS.		AU-DESSUS DU NIVEAU DE LA MER.		NOMS DES OBSERVATEURS.
			EN MÈTRES.	EN TOISES.	
G.	En Italie.	Etna............	3338	1713	Saussure (form. de Shukburg).
		Mont Érix, en Sicile....	1187	609	
		Monte Vellino (Apennins)..	2393	1228	*Shukburg.*
		Legnone..........	2806	1440	*Pini.*
		Vésuve...........	1198	615	*Shukburg.*
		Monte-Rotondo (Corse)...	2672	1371	*Perney.*
		Monte-d'Oro (Corse)....	2652	1361	*Perney.*
		Monte-Grosso (Corse)....	2237	1148	*Perney.*
		Monte-Cervello (Corse)...	1826	937	*Perney.*
		Venda.... { plus haute cime des montagnes euganéennes. }	555	285	Comte *Sternberg.*
		Monte-Baldo (cime de la Fenestra)...........	2149	1103	Comte *Sternberg.*
		Monte-Baldo. { la cime appelée Monte maggiore. }	2227	1143	Comte *Sternberg.*
H.	Aux Pyrénées.	Mont-Perdu { cime la plus élevée des Pyrénées espagnoles. }	3436 / 3366	1763 / 1727	*Vidal, Réboul, Ramond.* / *Méchain.*
		Vignemale.. { cime la plus élevée des Pyrénées françoises. }	3356	1722	*Vidal.*
		Le Cylindre........	3332	1710	*Vidal* et *Réboul.*
		Maladette.........	3255	1670	*Cordier* (un peu douteuse)
		Le Pic long........	3251	1668	*Ramond.*
		Première tour du Marboré..	3188	1636	*Vidal* et *Réboul.*
		Neouvielle........	3155	1619	*Ramond.*
		Brèche de Roland.....	2943	1510	*Ramond.*
		Pic du Midi........	2935 / 2865	1506 / 1470	*Vidal* et *Réboul* (Niv.). / *Méchain* (géodés.).
		Canigou.........	2808 / 2781	1441 / 1427	*Cassini.* / *Méchain.*
		Pic de Bergons......	2112	1084	*Ramond.*
		Pic du Montaigu......	2376	1219	*Ramond.*
		Passages des Pyrénées qui conduisent de France en Espagne.			
		Port de Pinède....	2516	1291	*Ramond.*
		Port de Gavarnie...	2331	1196	*Ramond.*

	LIEUX MESURÉS.	AU-DESSUS DU NIVEAU DE LA MER.		NOMS DES OBSERVATEURS.
		EN MÈTRES.	EN TOISES.	
	Port de Cavarère . . .	2259	1151	*Ramond.*
	Passage du Tourmalet . .	2194	1126	*Ramond.*
I.	En France. . Mont-d'Or	1886	968	*Delambre.*
		2042	1048	*Cassini.*
	Cantal	1857	953	*Delambre.*
		1935	993	*Cassini.*
	Puy-de-Dôme	1477	758	*Delambre.*
		1592	817	*Cassini.*
	Puy-Mary	1658	851	*Delambre.*
		1863	956	*Cassini.*
	Col-de-Cabre	1689	867	*Delambre.*
	Montagne de Mezin (Cevennes).	2001	1027.	
	Le Ballon (Vosges)	1403	720.	
	Pic de Beguines	1115	572	*Thuilis* et *Piston.*
	Mont S. Victor, près d'Aix (Provence)	970	498	*Thuilis.*
J.	En Espagne . Palais de S. Ildefonse . . .	1155	593	*Thalacker.*
	Picacho de la Veleta (Sierra nevada de Grenade)	2249	1154	*Thalacker.*
K.	En Suède . . . Kinekulle	306	157	*Bergmann.*
L.	En Islande. . Snœfials Sokull	1559	800	*Povelsen.*
	Hekla	1013	520	*Povelsen.*
M.	En Spitzbergen. Mont Parnassus	1194	613	Lord *Mulgrave.*

[1] M. Delambre a trouvé que Cassini n'avoit point égard à la réfraction terrestre, de sorte que, recalculant ces observations avec les corrections nécessaires, elles s'écartent moins de la vérité.

ADDITIONS

A LA GÉOGRAPHIE DES PLANTES.

I.

En parlant dans cet ouvrage de quelques mesures faites par des géomètres espagnols, on s'est servi d'une réduction de la vare de Castille en mètre et en toise, qui n'est pas assez rigoureuse. La vare est à la toise :: 0,513074 : 1,196307, et au lieu de réduire par 2, 3, il faut supposer une toise $= 2,3316$ vares. Don Jorge Juan n'admettoit que 2,32. Mais consultez l'excellent ouvrage de M. Gabriel Ciscar *sobra los nuevos pesos y medidas decimales*, 1800. Les sept mille quatre cent quatre-vingt-seize vares, que les belles cartes du *Deposito hydrografico* de Madrid donnent au Chimborazo, ne font par conséquent que trois mille deux cent dix-sept toises, ce qui est le même nombre qu'a publié Bouguer dans la Figure de la terre. La montagne de S. Élie a six mille cinq cent sept vares, ou deux mille sept cent quatre-vingt-douze toises (5441 mètres). Celle du Beau-Temps a cinq mille trois cent soixante-huit vares, ou deux mille trois cent quatre toises (4489 mètres). Voyez *Viaje al Estrecho de Fuca hecho por las Goletas sutil y Mexicana*, en 1792; p. CXX, CXV.

II.

M. Barton a lu, en 1800, à la Société de Philadelphie, un mémoire sur la Géographie des Plantes des États-Unis, qui n'est pas encore imprimé, mais qui contient les idées les plus intéressantes. Il y observe que la *mitchella repens* est la plante qu'il trouva la plus répandue au *Nord-Amérique*. Elle occupe tout le terrain depuis 28° à 69° de lat. bor. Aussi l'*arbutus uva ursi* va depuis New-Yersey jusqu'à 72° de lat. où M. Hearne l'a observé. Au contraire *gordonia Francklini* et *dionœa muscipula* se trouvent isolés dans un petit terrain. M. Barton remarque qu'en général les mêmes espèces de plantes montent plus au nord dans les pays situés à l'ouest des Alleghany, que sur les côtes orientales, où le climat est plus froid. On cultive le coton à Ténesée sous une latitude à laquelle il ne se trouve pas dans la Caroline septentrionale. Les côtes orientales de la Baie de Hudson sont dénuées de végétation, tandis que les côtes occidentales en sont couvertes. M. Barton observe qu'à

	l'orient des Alleghany,	l'occident des Alleghany,
Æsculus flava se trouve	jusqu'à 36° de lat.	jusqu'à 42° de lat.
Juglans nigra	41	44
Aristolochia sypho	38	41
Nelumbium luteum	40	44
Gleditsia triacanthos	38	41
Gleditsia monosperma	36	39
Glycine frutescens	36	40

Même le *crotalus horridus* (le serpent à sonnette) se trouve, à l'est des montagnes Alleghany, jusqu'à 44°, tandis qu'il avance vers le nord, à l'ouest des montagnes, jusqu'à 47° de latitude. Comparez aussi l'excellent ouvrage de M. Volney sur le sol et le climat des États-Unis.

FIN.

HISTORY OF ECOLOGY
An Arno Press Collection

Abbe, Cleveland. **A First Report on the Relations Between Climates and Crops.** 1905

Adams, Charles C. **Guide to the Study of Animal Ecology.** 1913

American Plant Ecology, 1897-1917. 1977

Browne, Charles A[lbert]. **A Source Book of Agricultural Chemistry.** 1944

Buffon, [Georges-Louis Leclerc]. **Selections from Natural History, General and Particular, 1780-1785.** Two volumes. 1977

Chapman, Royal N. **Animal Ecology.** 1931

Clements, Frederic E[dward], John E. Weaver and Herbert C. Hanson. **Plant Competition.** 1929

Clements, Frederic Edward. **Research Methods in Ecology.** 1905

Conard, Henry S. **The Background of Plant Ecology.** 1951

Derham, W[illiam]. **Physico-Theology.** 1716

Drude, Oscar. **Handbuch der Pflanzengeographie.** 1890

Early Marine Ecology. 1977

Ecological Investigations of Stephen Alfred Forbes. 1977

Ecological Phytogeography in the Nineteenth Century. 1977

Ecological Studies on Insect Parasitism. 1977

Espinas, Alfred [Victor]. **Des Sociétés Animales.** 1878

Fernow, B[ernhard] E., M. W. Harrington, Cleveland Abbe and George E. Curtis. **Forest Influences.** 1893

Forbes, Edw[ard] and Robert Godwin-Austen. **The Natural History of the European Seas.** 1859

Forbush, Edward H[owe] and Charles H. Fernald. **The Gypsy Moth.** 1896

Forel, F[rançois] A[lphonse]. **La Faune Profonde Des Lacs Suisses.** 1884

Forel, F[rançois] A[lphonse]. **Handbuch der Seenkunde.** 1901

Henfrey, Arthur. **The Vegetation of Europe, Its Conditions and Causes.** 1852

Herrick, Francis Hobart. **Natural History of the American Lobster.** 1911

History of American Ecology. 1977

Howard, L[eland] O[ssian] and W[illiam] F. Fiske. **The Importation into the United States of the Parasites of the Gipsy Moth and the Brown-Tail Moth.** 1911

Humboldt, Al[exander von] and A[imé] Bonpland. **Essai sur la Géographie des Plantes.** 1807

Johnstone, James. **Conditions of Life in the Sea.** 1908

Judd, Sylvester D. **Birds of a Maryland Farm.** 1902

Kofoid, C[harles] A. **The Plankton of the Illinois River, 1894-1899.** 1903

Leeuwenhoek, Antony van. **The Select Works of Antony van Leeuwenhoek.** 1798-99/1807

Limnology in Wisconsin. 1977

Linnaeus, Carl. **Miscellaneous Tracts Relating to Natural History, Husbandry and Physick.** 1762

Linnaeus, Carl. **Select Dissertations from the Amoenitates Academicae.** 1781

Meyen, F[ranz] J[ulius] F. **Outlines of the Geography of Plants.** 1846

Mills, Harlow B. **A Century of Biological Research.** 1958

Müller, Hermann. **The Fertilisation of Flowers.** 1883

Murray, John. **Selections from *Report on the Scientific Results of the Voyage of H.M.S. Challenger During the Years 1872-76*.** 1895

Murray, John and Laurence Pullar. **Bathymetrical Survey of the Scottish Fresh-Water Lochs.** Volume one. 1910

Packard, A[lpheus] S. **The Cave Fauna of North America.** 1888

Pearl, Raymond. **The Biology of Population Growth.** 1925

Phytopathological Classics of the Eighteenth Century. 1977

Phytopathological Classics of the Nineteenth Century. 1977

Pound, Roscoe and Frederic E. Clements. **The Phytogeography of Nebraska.** 1900

Raunkiaer, Christen. **The Life Forms of Plants and Statistical Plant Geography.** 1934

Ray, John. **The Wisdom of God Manifested in the Works of the Creation.** 1717

Réaumur, René Antoine Ferchault de. **The Natural History of Ants.** 1926

Semper, Karl. **Animal Life As Affected by the Natural Conditions of Existence.** 1881

Shelford, Victor E. **Animal Communities in Temperate America.** 1937

Warming Eug[enius]. **Oecology of Plants.** 1909

Watson, Hewett Cottrell. **Selections from *Cybele Britannica*.** 1847/1859

Whetzel, Herbert Hice. **An Outline of the History of Phytopathology.** 1918

Whittaker, Robert H. **Classification of Natural Communities.** 1962

DATE DUE